倫敦商學院 教授的 25 堂

MBA 課

全球MBA課程中最實用的
管理｜決策｜行銷｜創業｜財務模式

25 need-to-know MBA Models

朱利安・柏金紹、肯・馬克———著　　薛芷穎———譯

Julian Birkinshaw｜Ken Mark

目錄

序

　　當今商場上慣用的模式及架構不知凡幾，難以一一
贅述。寫這本書，就是要幫你釐清其中最重要的模式，
認識它們的緣起、使用時機、如何運用，以及最大優缺
點又是什麼。

　　本書的主旨，就是攻讀MBA（企業管理碩士）的
商學院學生，在校都會學到這些模式。MBA是種培養
通才的學位，換言之，其設計宗旨，就是要奠定學生在
商業各關鍵面向的通盤基礎。MBA涉及之廣，也反映
在這本書上。本書一共分成五章，每一章都呼應MBA
學程第一學年的典型核心課程。儘管每章只討論五種模
式，內文也會帶到其他重要的模式，帶你一窺核心課程
教材的堂奧。

　　什麼樣的人該閱讀此書？如果你正在攻讀MBA，

不妨視此為學校所教關鍵模式的簡易濃縮版,透過實用指南,認識如何付諸運用;如想更深入瞭解,還能參考延伸閱讀。

假如你是沒上過商學院的主管或經理人,此書則是非常珍貴的參考指南。以便部屬或同事秀出一堆商學院的陌生術語時,你能知道他們到底在說些什麼。商場上運用的觀念,其實多半相當直截了當,此書針對二十五種最重要的模式,提供恰到好處的解說,讓你知識不落人後。

最後,本書也適合準MBA學生,無論是正在準備入學考試,還是嚮往未來就讀MBA。如果本書所描述的模式、觀念,令你覺得十分受用有趣,那就冒險一試,選個學程報名吧。雖然本書已涵蓋了所有「必學」模式,再怎麼說,實際去就讀MBA學程,收穫還是遠比單單一本書要廣得多。

本書涵蓋哪些內容?

在撰寫這本書時,我們檢視了自己或好友在商學院任教的教材(包括倫敦商學院、毅偉商學院、歐洲工商

管理學院、華頓、哈佛），希望歸納出學生的「核心」課程中，最至關重要的模式、架構及觀念。（多數的學程，皆是先研讀核心課程，再從廣泛的選修課程挑選專攻的領域。）初步篩選後，我們還做了市場調查，請一群學生及畢業生評估每個模式的重要程度。幫助我們在選擇時做了微調。

　　儘管我們的篩選過程十分嚴謹，最後上榜的模式仍是極度主觀的結果。這有點像要挑出最具影響力的歷史人物，或選出近二十年最棒的電影：雖能提出若干數據來支持你的選擇，終究免不了牽涉主觀評斷，因此，我們最後選定的一串模式，並不期待每個人都能百分百認同。舉例來說，本書採取的一貫標準是，每一章都刻意揉合「經典」及「當代」模式，讓你能對某一主題的發展歷程能有些體悟。

　　此書共分為五章，呼應MBA學程最重要的五大領域或主題。每章都涵蓋五種「必學」模式，順序按字母排列，每章開頭都有簡短概述，闡釋所選模式之間有何關連。當然了，每個領域都還有許多重要主題，礙於版面限制無法一一介紹。每節最後列有延伸閱讀，可當作額外資訊的實用指南。

我們要先承認，本書採取的架構，是以極傳統角度來看待商場。有些商學院在授課時，試圖發展跨領域或整合式途徑，譬如側重於真實世界會碰到的經營挑戰。不過，這些仍屬少數，絕大多數商學院的課程安排，仍與本書架構相同。

為讓本書維持合理篇幅，我們不得不狠下心來做篩選。沒納入任何描述「總體」企業環境的模式，譬如經濟理論、政府政策、法律、貿易法規等。不談任何基本統計模式及工具，也較少涉略個人層級的心理學議題、從零創業的挑戰。此外，我們想破頭才決定不為會計或營運管理另闢章節。這些主題都十分重要，但根據我們的經驗，愈來愈少商學院列之為課程重心，投入這類工作領域的MBA學生也愈來愈少。原則上，我們聚焦於攸關整體企業或商場的議題。總歸一句，這些都是身為企業「一般的經理人」非知不可的東西。

什麼是「模式」？

本書使用「模式」此一術語，含括了架構、觀念、模式以及工具。我們認為，比起墨守字典上的定義，不

如側重於MBA學生在核心課程會接觸到的關鍵概念。比方說,「開放式創新」是當今創新及策略領域的重要觀念,即便算不上是一種模式,我們仍特闢一節來論述。

嚴格來說,**模式**是藉由化繁為簡,找出關鍵要素,幫助你瞭解特定現象。**架構**則是透過結構化,幫你瞭解某一多面向現象的方法,常見方式為彙整若干多元要素。**觀念**是一種高階概念,從某種方式觀察世界,以提供新的洞察。**工具**則是一套實用方法,運用某種思考方式來達成特定任務。以上分類方式,只有學術界感興趣;重要的是,此書含括的模式、架構、觀念、工具,都是我們認為各領域最至關重要的。

這本書該怎麼讀?

對大多讀者來說,無論是想初步探究、重溫特定模式的用途,或認識一個未曾聽過的觀念,都可視此為一本參考書。對其他讀者而言,此書或許有助於掌握某一整體主題的最新知識。試舉一例,假如你即將成為一位行銷人,熟讀書中的五種行銷模式將十分受用,確保你

能預先掌握形勢。也許有讀者準備初入商場，那麼，把
這本書從頭讀到尾也不為過了。

　　　　　　　　　　　　　　　朱利安・柏金紹
　　　　　　　　　　　　　　　　　肯・馬克

第一章

管理

管理是一門借助眾人之力完成工作的藝術，並包含了如何動員一系列資源來達成期望目標。本章節精選了數種重要模式和觀點，希望能幫助讀者提升管理效能。

　　身為管理者有哪些關鍵任務？首先，要能針對人力與資金的配置做出有效決策。幫助決策的分析工具多不勝數，舉凡決策樹及淨現值分析等，但本章會側重於行為面的探討。大多數的決策都不如預期中理性。**決策的認知偏誤**一節，探討人們為何常妄下錯誤百出的判斷，而身為有效管理者，又該如何克服這些偏誤，做出較佳決策。接下來一節則討論**談判技巧**，尤其針對**談判協議最佳替代方案（BATNA）**，列出幾種與他人談判的決策策略。

　　其次，有效管理一大重點在於引發動機，讓他人願意接下任務並有效執行。這並不容易，畢竟工作動機因人而異，也許這招可套用在某人身上，卻不見得他人也適用。為此，特闢一節探討**情緒智力**，以釐清要如何理解他人、產生同理心。

　　最後，管理也涉及促進變革。大型組織內部，免不了有重重標準工作流程，讓員工得以安然依循，因此，事務朝既定方向發展，幾乎是順理成章的事。然而，一

旦焦點轉移到其他方向，管理上就棘手多了。著名的**科特八大步驟變革管理模式**，即探討如何迎擊這類艱難挑戰。

我們往往將管理及領導視為兩回事。管理指假他人之手完成工作，領導則是發揮社會影響力的過程。兩者相輔相成，凡是主管缺一不可。但要當一位有效領導者之所以困難，追根究柢，問題出在他人怎麼看你。要做一位成功的領導者，除要清楚掌握下面的人，也要認清自己。誠如上述，這有部分牽涉到情緒智力，也涉及如何獲得他人的回饋。因此，這章最後要介紹的模式即三**百六十度評鑑**，有愈來愈多領導者藉此工具，認清自身優缺點。

第一節
變革管理：科特八步驟模式

　　許多主管在推動組織變革時，會面臨窒礙難行之窘境。企業愈龐大，挑戰更是艱鉅。坊間有許多探討如何推動變革計畫的書籍，其中最備受推崇的，或許就屬科特八步驟模式了。

使用時機

- 推動組織變革：譬如建立新的組織結構、資訊科技系統，或改變服務顧客的方式等。
- 檢討先前推動變革失敗的原因，提出矯正措施。

緣起

從有組織以來，變革管理就不斷面臨挑戰。直到後來，研究者開始釐清各層面的組織行為，發現一旦員工對變革不買單，即可能抵抗到底，才逐漸演變出現代變革管理觀點。比方來說，在一九四〇年代，麻省理工學院學者庫爾特・勒溫（Kurt Lewin）指出，推動重大變革前，讓員工跳脫原有世界觀是十分重要的。

戰後，系統化變革管理途徑漸漸問世，麥肯錫公司、波士頓顧問集團等顧問公司尤為領頭羊。一九八〇至一九九〇年代間，有不少人試圖把這套流程形式化、系統化。哈佛教授科特（John Kotter）的八步驟模式，或許最為人知。其他還有詹森（Claes Janssen）的「四房變革」模式、羅莎貝絲・坎特（Rosabeth Moss Kanter）的「變革之輪」等。

定義

變革管理難就難在看似簡單。然而，慣性是一股強大的力量，眾人總是會對任何動搖組織現狀的計畫心

生疑慮。負責制定組織策略的主管看待威脅及機會的眼光，通常比較低階者透澈得多，因此推動變革時，對於變革為何有其必要，得耗費極大心力來溝通。因此，科特八步驟模式重點在於「人」，旨在讓員工接受變革計畫，進而在工作模式及態度上做出必要變革。科特模式一共有八步驟，按以下順序實行：

　　一、創造急迫感

　　二、建立強大聯盟

　　三、創造變革願景

　　四、溝通願景

　　五、排除阻礙

　　六、創造近程戰果

　　七、持續變革

　　八、將變革融入企業文化。

如何運用

　　科特針對模式各步驟如何執行，均逐一詳述。可顯見的是，大多情況下，除了要視情況而定，領導者也要根據大家的反應，臨機應變，調整變革計畫。下面簡要

介紹各步驟如何採行。

步驟一：創造急迫感

說服組織員工，眼前有問題或機會亟需面對。舉例來說，二〇一二年任諾基亞執行長的埃洛普，為創造變革的急迫感，聲稱諾基亞猶如著火的鑽油井，正身處於生死關頭，必須做好準備，大刀闊斧改變商業模式。

而要創造急迫感，就要開啟與員工對話，如實說明市場上面臨的狀況。一般而言，第一線面對顧客的員工，由於天天都能直接獲得市場回饋，因此會是你的最佳戰友。一旦變革需求的話題傳開，急迫感就會逐漸升溫，變得勢在必行。

步驟二：建立強大聯盟

身為領導者的你，扛下重大變革的責任，但單打獨鬥是不夠的，得讓組織內部關鍵意見領袖並肩作戰才行。有效的意見領袖，遍布於組織上下，倒不必特別顧慮傳統上的公司階層。這些人必須致力於變革，有明顯作為，還要能在其所屬部門鼓吹變革。

步驟三：創造變革願景

　　人們對於未來會如何，通常意見紛紜。身為領導者，必須制定明確的願景，清楚闡述，好讓大家明白該願景對自己有何意義，比如有何切身利益、如何貢獻一己之力。你不必孤軍奮戰；讓關鍵員工涉入此階段，能提高他們對變革的使命感，對於成敗有更多的利害關係，方能加快日後執行的腳步。

步驟四：溝通願景

　　在大型組織中，要把訊息傳遞給每一個人是相當困難的，畢竟在你（作為領導者）跟前線人員之間，往往隔了諸多層級。有效的領導者得投入許多時間演說，透過多重媒介對大家宣揚，並善用直接部屬來散播訊息。

步驟五：排除阻礙

　　即便願景已明確表達、溝通，也不見得人人都能進入狀況。總有人抵抗，或是面臨結構上的阻礙，所以你必須積極主動，排除阻礙，授權有力人員來執行願景。

步驟六：創造近程戰果

人的注意力是有限的，因此通常在三個月內，就要儘早提出有形證據，說明計畫已步入正軌。當然了，這往往免不了要「玩點把戲」，畢竟一般來說，近程戰果早在變革計畫實施前就持續累積了。不過，激勵士氣的中心價值是不變的。

步驟七：持續變革

科特主張，許多變革專案之所以失敗收場，就在於過早宣布勝利。近程戰果固然重要，仍舊必須再接再厲，免得組織一鬆懈，又回到舊有的工作模式。

步驟八：將變革融入企業文化

最後，任何一項變革要持之以恆，就得變成一種例行公事。也就是說，要把變革嵌入企業文化，不斷宣揚變革過程、成功因素，也要表彰變革聯盟的關鍵初始成員，而在雇用、訓練新進員工時，也要融入變革的理想與價值。

實務訣竅

　　變革管理重點在於人，旨在讓人的行為方式產生相對小的轉變。因此科特主張，身為一位領導者，應在情緒上與員工交流，必須讓他們「看見」變革（如指出已解決問題的顯著案例）並「感受」變革（如讓他們產生某種情緒反應，而引致行為動機）。如此一來，有助於強化理想行為。

最大陷阱

　　科特模式能有效促成由上而下的變革，不過前提是，高階主管得有足夠變革動機，並能全盤掌握組織應走的方向。不幸的是，有些組織並不符合這些假設，而在這種情況下，科特模式是行不通的。這類組織需要領導上的變革，或由下而上的變革過程。

延伸閱讀

關於「四房變革」，可參考：www.claesjanssen.com

Kanter, R.M. (1992) *The Challenge of Organizational Change: How companies experience it and leaders guide it.* New York: Free Press.

Kotter, J. (1996) *Leading Change.* Boston, MA: Harvard Business School Press.

第二節
決策上的認知偏誤

根據嚴格來說不算理性的資訊，加以解讀、採取行動，即為一種認知偏誤。比方說，你雇用某個求職者，可能只因是同校出身。認知偏誤還有很多種，結果有好有壞，因此瞭解其如何運作就顯得格外重要了。

使用時機

- 瞭解自己如何決策，以免做出錯誤決策。
- 瞭解他人在討論時，如何得出觀點。
- 影響組織的決策過程。

緣起

認知偏誤的研究歷史悠久，不過提到此一領域的研究之「父」，一般公認是心理學家阿摩司·特沃斯基（Amos Tversky）、丹尼爾·康納曼（Daniel Kahneman）。一九六〇年代，他們執行若干研究，試圖探討人為何經常做出錯誤決策。在該年代，人們多半相信「理性選擇理論」，意即人會依據可得證據，做出符合邏輯與理性的推論。然而，特沃斯基和康納曼得出的結論卻非如此。例如，面臨可能喪失一千英鎊的情況下，人就會變得極度厭惡風險；反之，碰到可能贏得同額度的金錢時，則會變得甘冒風險。此外，他們也提出不少其他洞見，進而針對決策發展出一套嶄新觀點。人不像電腦會用演算法，而是用**捷思法**，即經驗法則，雖易於推斷事情，也容易導致系統化錯誤。

康納曼及特沃斯基的實驗，也激發一連串全面性的研究，從心理學跨界到其他學科，諸如醫學、政治學等。直到近期，經濟學也納入了他們的觀點，催生出行為經濟學，也讓康納曼於二〇〇二年獲頒諾貝爾經濟學獎。

定義

認知偏誤概指一種人類心智運作方式，可能導致知覺扭曲、判斷失誤或解讀不合邏輯。

認知偏誤各形各色都有。有些會影響決策，舉例來說，團體顯然傾向於默認共識（「團體迷思」），或未能在彙整的數據中釐清真相（「代表性」）。有些則影響個人判斷，如根據相關事物來推測可能性（「假相關」）；他人也可能影響我們的記憶運作方式，比方說，讓過去的態度變得跟現在相仿（「一致性偏誤」）。也有一些偏誤會影響個人動機，像是對正面自我形象的渴望（「自我中心偏誤」）。下表所列的認知偏誤，即是幾種最著名的例子。

認知偏誤範例

名稱	內容
框架	某一選項或項目的相對吸引力或價值，端視呈現的方式而定。舉例來說，我們會預期，同樣一罐可樂在五星級飯店的售價，就是比火車站自動販賣機來得貴。關鍵在於情境。
確認偏誤	傾向於蒐集能鞏固成見的資訊，對於悖於自身觀點的資訊則嗤之以鼻。
基本歸因謬誤	我們傾向將他人身上觀察到的行為，過度解釋為個性使然。前方車輛若突然轉彎，我們直覺反應就是給對方貼上「爛駕駛」的標籤，但說不定他其實只為閃避路面上的東西。
可得性	我們對某事件或某群人印象愈是深刻，就愈容易視類似事件或人為正常。
代表性	被要求判斷某物是否可能歸屬特定類別時，我們會根據它在該類別的代表性來評估，而忽略其隱含的分布。
錨定	將某物的知覺價值任意設定得或高或低。這在談判中相當常見，譬如推銷員會先拉抬價格，再提供折扣，讓我們覺得似乎撿了便宜。

如何運用

　　職場上要運用認知偏誤，主要方法即留意其存在，然後採取步驟，以防傷害性的副作用產生。比方來說，想像你正在開商務會議，被問到你將如何裁決某個新品上市的提案；由於認知偏誤可能存在，不妨試問自己幾個問題：

- 推論看看，提案人員是否可能被偏誤蒙蔽？譬如，他們在評估潛在市場規模時，是否有確認偏誤；或是試圖利用設定好的問題框架，操控團體決策？

- 會議中是否有高品質的討論？每個人是否都有機會發表己見？相關資訊是否均已納入討論？少數人的聲音是否被埋沒了？

　　根據這項分析，你有責任破解悄悄滲透進來的偏誤。舉例來說，如認為某人選擇性發表數據，不妨請一位獨立專家另提一套數據。若覺得會議太早達成共識，便可邀請某人來提出反論。身為會議主持人，最重要的任務之一，其實就是要意識到這類潛在偏誤，並運用自身經驗，來避免嚴重錯誤發生。

組織運作在其他方面，也適用同樣邏輯。討論部屬績效，或與潛在顧客說話時，都必須時時提防有認知偏誤摻和在內，也要慎防其淪為成功的絆腳石。認知偏誤不可勝數，無所不在，需要多年的經驗才能駕輕就熟地克服。

實務訣竅

　　丹尼爾·康納曼提出，主持會議有個特定訣竅。在進行困難決策之前，要求每一個與會人士把看法寫在一張紙上。然後，輪到他們發言時，就把寫在紙上的東西唸出來。如此一來，可避免人們的意見被先發言者動搖。

最大陷阱

　　過度分析事情，可能導致你濫用對認知偏誤的知識。在許多商務情境中，決策速度十分重要，因此，上述所有技巧固然有幫助，卻也可能大幅拖延時間。所以，一如以往，竅門在於取得平衡：在悉

心分析思考、直覺判斷之間拿捏得恰到好處。

　　另一重大陷阱則是，意識到他人的認知偏誤，總是比意識到自己的來得容易許多，因此絕不要誤以為自己不受偏誤所害。不妨找他人來引導你，挑戰你的思考，告訴你是否也落入了上述任一陷阱。

延伸閱讀

Kahneman, D. (2012) *Thinking, Fast and Slow.* London: Penguin Books.

Rosenzweig, P. (2007) *The Halo Effect*. New York: Free Press.

Thaler, R.H. and Sunstein, C.R. (2008) *Nudge: Improving decisions about health, wealth, and happiness*, New Haven, Ct: Yale University Press.

第三節
情緒智力

　　情緒智力是管理自身及他人情緒的能力，有助於對各種情緒加以分辨、適當予以歸類，進而有助於引導自身思考及行為，提升個人效能。

使用時機

- 幫助你勝任管理或領導他人的工作。
- 決定雇用或升遷某人。
- 評估及改善組織內部的領導品質。

緣起

　　情緒智力的觀念存在達數十年之久。緣起於一九

三〇年代愛德華・桑代克（Edward Thorndike）的研究，他提出「社會智力」的概念，意指與他人相處的能力。一九七〇年代，教育心理學家霍華德・加德納（Howard Gardner）指出，智力有多重形式，也促使非學院訓練的智力重要性受到正視。直到一九八五年，研究者佩恩（Wayne Payne）在博士論文首度使用「情緒智力」此一術語。

自此，有三種情緒智力途徑問世。彼得・薩洛威（Peter Salovey）及約翰・梅爾（John Mayer）的**能力模式**，著重於個人處理情緒資訊、藉以遊走社會環境的能力。皮特瑞茲（K.V. Petrides）的**特質模式**，側重個人自我感知的屬性，視情緒智力為一套人性特質。第三種，也是最受歡迎的途徑，由丹尼爾・高曼（Daniel Goleman）所提出，結合了能力與特質，將前二種途徑兼容並蓄。

定義

人類智力種類繁多，有些人數學好，有人擅長文字，也有人具音樂天賦，或手眼協調佳。情緒智力也屬

一種智力。雖難以衡量，職場上卻格外緊要，對組織領導者來說尤其如此。一般認為，要成為一位優異領導者，其一特質就是要善於察覺他人感受，並據此調整互動的訊息及方式。身為優秀領導者，還要能清楚意識到自身的優缺點，這也是情緒智力的另一重要面向。

丹尼爾・高曼提出的情緒智力模式深受歡迎，聚焦於五大要件：

1. **自覺**：認清並瞭解個人心情、情緒、驅力及自己對他人影響的能力。
2. **自律**：控制侵擾性的衝動與心情、延遲判斷、三思而後行的能力。
3. **內在動機**：超越金錢與地位、源自內在理由的工作熱情。
4. **同理心**：瞭解他人情緒結構的能力。
5. **社交技能**：管理關係、建立網絡、尋求共識、建立融洽關係的能力。

如何運用

你可以用非正規或正規的方式運用情緒智力的觀念。

非正規的方式是使用高曼的五大特質來檢視你或他人應具備的理想屬性。你認為自己具備自覺嗎？你是否深具同理心及社交技能？透過這類簡易分析，有助於洞悉哪些處事方式可有所改變，或者哪些訓練課程值得去上。

　　正規方式則是運用學者約翰‧梅爾等人提出的正式診斷調查表。他主張：「談到如何衡量情緒智力，我深信能力測驗是唯一適恰的方法」。

　　有多種調查表可採行。巴昂（Reuven Bar-On）設計的「情緒智能量表」，是一種自陳測驗，可衡量覺察、抗壓、問題解決、快樂等能力。「多因素情緒智力量表」讓受測者根據自身感知、辨識、瞭解情緒的能力來執行任務。「情緒能力量表」則根據同事的評分，以一系列情緒相關能力為基準。

實務訣竅

　　情緒智力本質上是極難衡量的。我們無不希望自己情緒智力高，卻事與願違！所以，實務訣竅就是獲得多重觀點。而要做到這點，有時可透過匿名

回饋，或藉由團體教練會談，讓大家相互給予中肯回饋。

最大陷阱

情緒智力這類觀念的根本問題，在於聽來十分引人入勝，以至於人人都想追求。然而，要改變自己既有的工作方式、與他人的互動關係，得花上很長一段時間。因此最大陷阱就是，接受完評估、瞭解自己情緒智力有多少後，你就以為大功告成了。事實上，這不過是個起點，讓變革成真的艱鉅工程才正要開始。但一般而言，光靠自己是不夠的，還得有個熱心助人的上司同事或個人教練才行。

另一陷阱則是**濫用**情緒智力來操縱他人。比如說，因為你清楚知道自身風格如何影響他人，而企圖誘使他人去做一件違背本意的事。善用技巧跟操縱他人之間只有一線之隔，切記別越線了。

延伸閱讀

Goleman, D. (2006) *Emotional Intelligence: Why it can matter more than IQ.* New York: Random House.

Grant, A. (2014) 'The dark side of emotional intelligence', *The Atlantic*, 2 January.

Petrides, K.V. and Furnham, A. (2001) 'Trait emotional intelligence: Psychometric investigation with reference to established trait taxonomies', *European Journal of Personality*, 15(6): 425-448.

Salovey, P., Mayer, J. and Caruso, D. (2004) 'Emotional intelligence: Theory, findings, and implications', *Psychological Inquiry*, 15(3): 197-215.

第四節
談判技巧：談判協議最佳替代方案

　　「BATNA」全稱為「談判協議最佳替代方案」。每當和另一方談判，免不了有破裂的可能，屆時只能退而求其次，採取某種替代行動方案。而此替代行動方案，即所謂談判協議最佳替代方案。清楚知道你的替代方案是什麼，另一方的談判協議最佳替代方案又是什麼，對有效談判是至關重要的。

使用時機

- 談判任何事，譬如爭取加薪或購屋時，都要為自己找到較有利的方案。
- 幫助你的企業處理複雜的談判，比如收購另一企業，或解決與工會的糾紛等。

緣起

自有文明以來，人們就開始談判了；歷年來眾多的學術研究，都極力探究促成商場談判成功的因素有哪些。「談判協議最佳替代方案」此一術語，是由研究者羅傑‧費雪（Roger Fisher）與威廉‧尤瑞（William Ury），於一九八一年合著的《哈佛這樣教談判力：增強優勢，談出利多人和的好結果》一書所創。瞭解自己談判時讓步立場的概念，過去雖然就有了，但透過談判協議最佳替代方案，可著眼於幾項關鍵談判要素，經證明效果尤佳，如今已成為廣泛使用的詞了。

定義

要有效談判，就得釐清你的談判協議最佳替代方案是什麼。這會是你的「退路」選項：萬一談判破裂，未能與另一方達成共識，便可採此行動方案。有時，談判協議最佳替代方案呼之欲出，然而，有時不見得唾手可得。舉例來說，你開發了一項新的消費品，但跟某大型連鎖超市遲遲談不妥合理價格。你的最佳替代方案會

是找較小型連鎖超市或上網販售，還是乾脆放棄產品上市？這裡要考量的因素不勝枚舉，個人聲譽等無法量化的事物也包括其中。

如何運用

根據費雪及尤瑞，決定談判協議最佳替代方案時，可依照一套簡單流程，任何談判皆適用：

- 列出萬一達不成共識時，任何可能採取的行動。
- 將較有希望的點子加以改良，轉變為可付諸實踐的選項。
- 選出目前看上去最佳的選項。

請注意，談判協議最佳替代方案並不等同於談判者的「底線」；為了避免達成的共識過於委曲求全，談判者心裡通常都有個底線。底線雖指最後一道防線，卻也有把自己推向特定行動方案的風險。相較之下，若採談判協議最佳替代方案的觀念，你就不必執著於特定談判目標，而可聚焦在如何藉由較多選項來達成理想目標。如此一來，除了有較多彈性之外，創新空間也比預定底

線來得多。

談判動態

倘若你很清楚自己的談判協議最佳替代方案是什麼，就能知道談判中，何時該尋求退路。另外，揣測另一方的談判協議最佳替代方案，也是同樣重要。比方說，如果你在求職時試圖跟雇主談條件，也知道其他入選者十分優秀，那麼雇主的談判協議最佳替代方案其實很簡單，就是雇用名單上的下一位即可。

然而困難之處在於，你往往無從得知另一方的談判協議最佳替代方案是什麼；再怎麼說，從對方的角度而言，盡力隱瞞才能維繫利益。因此，談判協議最佳替代方案又衍生出一種相當實用的概念，即「談判協議預估替代方案」，簡稱「EATNA」，適用的情況是一方或雙方的最佳替代方案尚未明朗時。舉例來說，法庭上對峙之際，雙方通常都相信自己會是贏家，否則就不會出席了。

你的談判協議最佳替代方案該不該透露給另一方知道？要是夠強大，先揭露是有益的，能迫使另一方

去面對談判的現實。但若你的談判協議最佳替代方案很薄弱，一般來講，最好還是**別**揭露；有時靠「虛張聲勢」，說不定還能獲致更好的結果。

實務訣竅

透過談判協議最佳替代方案來思考，關鍵在於別讓自己被單一個行動方案綁住。人在展開談判時，為鞏固特定利益（恐懼、希望、期望），多半有預定立場（如特定價格），一旦如此，談判往往難逃破局、雙方皆輸。

身為談判者，你所面臨的挑戰，就是要在初步溝通過立場後，突破表象，探索並揭開這些立場背後的利益有哪些。因此，雙方都需要一定的創意與坦誠相待，才能拓展談判空間。

最大陷阱

　　從談判動態的角度來思考，試著去揣測另一方的談判協議最佳替代方案，固然很有幫助，但若連自己的談判協議最佳替代方案都不知道，那就落入最大陷阱了。舉例來說，在公司情境中，難免常面臨來自同事的內部壓力，他們希望你達成某種協議，但這可能意味你得接受不利的條件。事先明確闡述你的談判協議最佳替代方案是什麼，並與同事溝通，將可避免落入尷尬立場。

　　另一類似的陷阱是，你過度自信，自以為已掌握另一方的談判協議最佳替代方案。例如有員工來找你，要求加薪，說是被競爭對手的公司錄取了，你可否確定他真打算接受那份工作？顯而易見的是，你可透過直覺來察覺他的偏好，再決定如何談判。但若告訴自己他並非真想辭職，那就要冒著跟他討價還價、失去一位好員工的風險了。

延伸閱讀

Burgess, H. and Burgess, G. (1997) *The Encyclopaedia of Conflict Resolution*. Santa Barbara, CA: ABC-CLIO.

Fisher, R. and Ury, W. (1981) *Getting to Yes: Negotiating agreement without giving in*. London: Random House.

第五節
三百六十度評鑑

　　三百六十度回饋是一套管理工具，讓員工有機會獲得多重來源的回饋，又稱為三百六十度評核。由於回饋來源無所不在（部屬、同儕、上司、顧客等），因而命名為三百六十度回饋。

使用時機

- 由身邊的人根據你的績效及管理風格提供回饋，能幫助你建立有效的個人發展計畫。
- 幫助公司評鑑你的績效，以制定薪資及升遷決策。
- 監督領導標準或整體組織文化。

緣起

自有文明以來，藉不同來源回饋來評估績效的觀點便存在了。譬如公元三百年，中國正值魏朝，當時就採取了宮廷評等制度來評估朝臣績效。

更近期來說，二次大戰時，德國軍隊透過多來源回饋，讓士兵交由同儕、上司、部屬來評估、提出洞察及建議，以期提升績效。一九五〇年代，行為理論學家特別聚焦於員工動機及工作豐富化，希望讓工作本身變得較具吸引力。當今所知的三百六十度評鑑，就是在此情境下創造出來的。

一般公認，三百六十度評鑑是組織心理學家克拉克・威爾遜（Clark Wilson）與世界銀行合作時所創。該工具原型為「管理實務調查」，克拉克在美國康乃狄克州橋港大學授課時，即採取此工具。一九七三年，杜邦公司首度採用克拉克管理實務調查，接著陶氏化學及必能寶等也紛紛仿效。直到一九九〇年代，三百六十度回饋已十分普遍，市面上的調查工具更是不下數十種。人力資源顧問也逐漸運用這種觀念，因而更加普及了。

定義

傳統一年一度的評鑑系統下，員工每年都要接受一次直屬上司的評核。然而，假使這位上司對其工作內容不甚瞭解，或者缺乏情緒智力，這樣的評核往往是在浪費時間罷了。

對於這種敷衍了事、充滿偏誤的評核，三百六十度回饋（又稱多評量者回饋或多來源回饋）猶如一劑解藥。三百六十度回饋所根據的觀點，來自員工的直接工作圈。一般而言，員工除了從部屬、同儕、上司獲得直接回饋之外，還包括自我評鑑。某些案例來說，還包括外部來源的回饋，像是顧客、供應商等攸關的利害關係人。

如何運用

個人可藉由三百六十度回饋，瞭解他人對於自己作為員工、同事或幕僚之效律的看法。典型要件有四：

- 自我評鑑；
- 上級評鑑；

- 部屬評鑑；
- 同儕評鑑。

自我評鑑即由你來評估自身成就及優缺點。這套流程當中，上級評鑑屬較傳統的環節，指交由上司判定你在過去一年左右達成目標的表現。部屬評鑑是三百六十度回饋流程的關鍵，讓為你效力的人來評估你管理上的表現；比方說，對他們是否能清楚溝通、充分授權，又提供了多少指導。最後則是同儕評鑑（又稱為內部顧客），有助於釐清自己在企業內部是否善於與人合作；舉例來說，對於他人的請求是否熱心回應，對於非直接負責的專案是否樂意伸出援手。

執行三百六十度回饋工具的流程包含下述步驟：

- 徵求回饋的關鍵人士（上級、部屬、同儕），均為受評者所認識。
- 將調查表寄給所有關鍵人士，同時表明其提供的數據將匿名處理。一般而言，調查表除了一連串封閉式問題（例如「此人團隊溝通效能如何？ 1 = 非常差，3 = 普通，5 = 非常好」）之外，也包括一些開放式問題（比如「請說明為何給此評分」）。

- 將調查表結果彙集起來，為受評者整理成一份報告，列出平均評分及匿名書面回答。
- 將結果提供受評者，讓「教練」與之討論；教練必須專精於解讀這類調查表，能針對較弱的方面提供補強的建議。

當今大型企業，多半都會採取類似三百六十度評鑑系統的做法。由於辦理期間固定（如一年一度），能追蹤一個人的技能及管理能力是否有所長進，被視為極佳的發展工具。

不過，備受爭論的議題在於，三百六十度評鑑是否只該用在個人發展，或者也應納為決定薪資及升遷的參考依據。其提供的資訊固然重要，但若用來決定薪資及升遷與否，則可能衍生風險：有人會藉此系統「玩把戲」，譬如要求員工提高評分。當然，這招不見得管用，但無論評測結果如何，多多少少都已失真。這也是為什麼大多人都主張，三百六十度評鑑主要應做為發展工具，意即，純粹用來幫助人們提高工作效能。

實務訣竅

　　以提供回饋而言，相較於傳統由上而下的途徑，三百六十度回饋確實是較佳辦法，不過執行上仍得步步為營。倘使你的企業是初次施行，應請人力資源顧問公司設計出一套妥當的執行方法。徵求部屬和同儕回饋時，尤其要謹慎小心，確保一切匿名進行，數據也要以有意義的方式來彙整。

最大陷阱

　　身為管理者，首次接受三百六十度回饋時，也許會大為震驚，畢竟部屬給的評分多半會顯示，你的管理能力並不若你預期的好。假使你因此來場「獵巫」行動，試圖揪出是誰給了低分，那就弄巧成拙了。這不僅違反規則，也會讓信任毀於一旦。其次容易犯的大錯，則是認為這些結果錯得離譜，而選擇忽略。透過結果，可以得知員工對你的看法，即便你不認同他們的觀點，他們的看法都是事實，終究會顯著影響到你們之間的互動，不是更

好，就是更糟。

　　所以，既然接受了三百六十度回饋，就要認真看待，從同事或教練尋求建議，調整工作方式，以期下回評分能有所提升。

延伸閱讀

Edwards, M. and Ewen, A.J. (1996) *360° Feedback.* New York: AMACOM.

Handy, L., Devin, M. and Heath, L. (1996) *360° Feedback: Unguided missile or powerful weapon?* London: Ashridge Management Research Group.

Lepsinger, R. and Lucia, A.D. (1997) *The Art and Science of 360° Feedback.* San Francisco, CA: Jossey-Bass.

第二章

行銷

行銷有個實用定義：「透過顧客的眼光看世界。」許多公司面臨的問題在於內部導向，譬如聚焦於所銷售產品的特性，而非顧客的實際需要。行銷人應試著避免太側重內部，無論採取任何行動，都要考量到顧客的觀點。

行銷這門領域存在上百年了，許多早期觀點都禁得起時代考驗。其中之一，就是所謂的**行銷4P**，界定了發展行銷策略時應考慮的關鍵要素，包括產品、通路、價格、促銷。另一則是**產品生命週期**，根據此概念，每種產品都會歷經上市、成長、成熟、衰退的週期。藉由瞭解生命週期，能幫助你在競爭市場上為產品定位、定價時，做出更好的決策。

行銷也不斷推陳出新，近來，隨著獲取及分析顧客行為資訊的方法更臻精密，各種嶄新思維更是如雨後春筍般興起。

區隔及個人化行銷的概念，在過去二十年來，也有顯著的發展。其重點從「大眾市場」廣告，轉移到特定市場區隔，再來是個人化行銷，即人人皆可能因網路使用而成為目標。過去幾年來，**定價策略**同樣有所轉移，從有放諸四海皆宜的標準價格，到根據顧客區隔差異

化，如今則強調**動態定價法**，即價格會按供需變化而有所波動，且往往是即時的。產品銷售通路也不斷進展，尤以數位產品來說，當今重點已轉移到**多重通路行銷**，即同時透過多重媒體，創造互相連貫的銷售方式。

第六節
多重通路行銷

　　商場上，通路是產品藉以觸及終端消費者的各種路徑。舉例來說，你可以透過專業零售商、綜合零售商（如超市）、線上或手機等購買電腦。多重通路行銷指的是，一間公司如何同時運用多重通路，盡可能擴大顧客群或取得最高獲利。

使用時機

- 評估不同的市場路徑，並決定如何結合，以盡可能發揮效能。
- 有助於強化所選的區隔策略。
- 可避免「通路衝突」，即在兩種以上通路，以不同價格銷售相同產品的情況。

緣起

企業透過不同通路銷售產品的概念，存在逾百年之久。比如說，美國傳統實體零售商西爾斯公司，在一八九四年發行第一本型錄，以郵購方式直銷。隨著商業供應鏈管理逐漸專業化，如何管理多重市場通路之議題，也愈來愈顯重要了。以消費品來說，最大挑戰在於如何直接賣給消費者（如透過手機或型錄），而不會得罪零售商或經紀商。以工業品而言，由於多半會透過一系列不同中間商來經手（如經紀商、進口商、被授權商、整合商），其間產生衝突的風險十分普遍。

一九九〇年代，隨著網際網路興起，通路管理變得比以往複雜得多，多重通路行銷的觀念也因而崛起，旨在讓所有不同市場通路發揮最大用途，對消費品尤其管用。

定義

多重通路行銷是公司藉不同通路與顧客互動的方式，通路諸如網站、零售店、郵購型錄、直接信函、電

子郵件、行動媒介等。此定義的隱含概念在於，這些都屬於雙向通路，顧客可藉以獲得、提供資訊。

通路是產品觸及終端消費者所透過的各種不同路徑。若是實體產品，銷售方式可直接（譬如戴爾公司賣給你一台電腦）或間接（譬如惠普公司透過零售商賣給你一台電腦）。如果是數位產品，通路則又更多元了；試舉一例，不妨想想看，有多少裝置可收看英國廣播公司新聞頻道就知道了。

長久以來，不同區隔的消費者傾向於使用不同通路，因此，如何透過兩種以上通路銷售產品，而又不得罪任何一方，令大多數企業傷透腦筋。例如，惠普公司本來打算採取一九九〇年代的戴爾模式，把個人電腦「直接」賣給消費者，但唯恐零售商心生嫌隙，最後打消念頭。

運用多重通路的消費者與日俱增（特別是藉以購買數位產品），因而也衍生出多重通路行銷。企業面臨的挑戰在於，如何讓消費者選擇使用的通路和時機。舉例來說，如果你從蘋果線上商城買了一支電影，你會希望各種不同裝置上皆能觀賞，而不只是當初購買時用的裝置而已。

如何運用

發展多重通路行銷策略時,有幾點重要原則務必牢記在心:

● **不同通路的訊息要一致**:愈來愈多顧客在購買產品或服務前後,會透過各種通路與企業互動。設計行銷活動時,必須慮及顧客接觸企業的各種可能方式,確保不同通路的訊息能保持一致。許多企業為了推動此一途徑,特別發展出一套內部流程及技術。

● **不同通路的經驗要一致**:你可不希望一場美妙的銷售經驗,被差勁的售後服務毀於一旦。因此,確立你所追求的理想顧客經驗類型後,尚須確保不同通路都能貫徹到底。舉例來說,小至如何稱呼顧客(如直接稱呼名字,或者姓氏加上稱謂),大至業務代表解決問題上有多少自主裁量權,都包括在內。

● **顧客知識匯聚一堂**:對顧客行為抱持單一觀點,有助於找出最恰當的方式來回應顧客。為此,可建立共用資料庫,彙集顧客聯繫資訊,

並即時更新。或者，也可跨部門或與關鍵客戶
經理密切合作。

實務訣竅

假使你透過多重通路銷售，而非直接賣給顧
客，就得針對終端顧客及通路代理商這兩種受眾發
展多重通路行銷策略。兩者同樣重要，且由於通路
代理商都會接觸到，務必維持一致。

最大陷阱

無所不在（如採傳統實體商店、線上、報紙、
直接電子郵件等）與多重通路行銷是不同的。請運
用你對顧客的知識，將顧客偏好的通路效能最大
化。

延伸閱讀

Bowersox, D.J and Bixby Cooper, M. (1992) *Strategic Marketing Channel Management*. New York: McGraw-Hill.

Rangaswamy, A. and Van Bruggen, G.H. (2005) 'Opportunities and challenges in multichannel marketing: Introduction to the special issue', *Journal of Interactive Marketing*, 19(2): 5-11.

Stern, L.W. and El-Ansary, A. (1992) *Marketing Channels*, 4th edition. Englewood Cliffs, NJ: Prentice-Hall.

第七節

行銷 4P

推出一項新產品或服務時，務必仔細思考，有哪些因素會決定其對消費者的吸引力。這種「行銷組合」有個最廣為使用的定義，那就是按4P來思考：產品、價格、通路、促銷。不妨視之為實用的檢核清單，用以確保你已全盤思考過價值主張的關鍵要素。

使用時機

- 有助於決定新產品或服務提供物要如何推向市場。
- 評估既有行銷策略，從中找出劣勢。
- 與競爭對手的提供物比較。

緣起

　　雖然起源已久，直到戰後，行銷才真正提升為一門專業學科。一九六四年，內爾·波登（Neil Borden）發表一篇舉足輕重的文章，提出了「行銷組合觀念」，即產品或服務的不同面向，都務必圍繞特定消費族群的需要。後來，傑羅姆·麥卡錫（Jerome McCarthy）把波登的觀念細分為四，4P於焉誕生：產品、價格、通路、促銷。相關人物還有行銷學教授菲利普·科特勒（Philip Kotler），在一九七〇至一九八〇年代間，他將4P發揚光大，影響甚鉅。

定義

　　競爭市場上，消費者面臨五花八門的消費選擇，要讓你的提供物具吸引力，可得多花點腦筋了。4P是一種純粹的架構，幫助你徹底思考行銷組合的關鍵要素：

- **產品／服務**：哪些特性對消費者來說具備吸引力？
- **價格**：消費者願意掏多少錢來買？

- **通路**：應該透過哪些通路來銷售？
- **促銷**：應該運用哪些形式的廣告？

基本上，4P談的是市場區隔：涉及找出特定消費族群的需要，針對這些需要打造提供物（根據4P定義）。

消費品公司試圖鎖定特定顧客區隔，因此採取4P的主要為這類公司。對工業行銷（企業對企業銷售）來說，由於普遍側重賣方與買方之間的直接關係，4P就沒這麼實用了。產品及價格仍是工業行銷的關鍵，通路及促銷就相對較不重要了。

羅伯特・勞特朋（Robert Lauterborn）的4C，是4P的替代方案之一，從買方觀點呈現行銷組合要素。四大要素包括：顧客需要及欲求（相當於產品）、成本（價格）、便利（通路）、溝通（促銷）。

如何運用

首先，找出你打算分析的產品或服務。接著，運用下述問題，引導你思考行銷組合的四大要素。

產品／服務

- 該產品或服務能滿足哪些需要？其具備哪些特性能合乎這些需要？
- 在顧客眼中看來如何？能為他們帶來何種體驗？你想創造何種品牌形象？
- 如何與競爭對手的提供物形成差異化？

價格

- 對消費者而言，該產品／服務具多少價值？
- 消費者的價格敏感度如何？
- 競爭對手的提供物定價多少？面對競爭對手，你打算採溢價還是折扣定價？
- 應提供怎樣的折扣或特惠方案，以與顧客交易？

通路

- 買方通常能在何處找到你的產品／服務？可透

過哪些媒體或通路取得？

- 是否必須針對此產品／服務，管控你的配送、甚至是零售體驗？
- 競爭對手的提供物是如何配送的？

促銷

- 你希望透過何種媒體及訊息來觸及目標市場？
- 促銷產品／服務的最佳時機為何？一天或一禮拜當中，是否有特定時間點尤佳？市場上是否有季節性？
- 你是否有免費公共關係可運用，來觸及目標市場？

隨著產品或服務推陳出新、競爭提供物陸續問世，某些要素也必須與時俱進，經常檢視行銷組合是十分有用的。

實務訣竅

首先，務必確保在回答上述問題時，有根據可靠的知識及事實。許多行銷決策在制定時，是根據未經驗證的假設來揣測消費者需要，而新產品要成功上市，往往就是敢於挑戰這些假設。

再者，一項產品要成功上市，各種不同要素之間必須維持高度一致性。近來，鎖定特定消費族群變為可能，在線上世界尤其如此，因此妥善選擇通路及促銷，顯得比以往都來得重要。

最大陷阱

假如太過囿於字意，4P可能讓人窄化焦點。舉例來說，若正在開發數位版雜誌或報紙，你或許會想把紙本世界行得通的「產品」及「價格」也複製過來。然而，這可能導致錯誤一場，畢竟消費者使用數位內容的方式截然不同，企業對線上服務的收費方式也常與傳統產品大相徑庭。同理亦然，過度重視「促銷」，可能讓人陷入宣傳活動至上的心

態，一味增加網頁點擊率，因而忽略到，增加部落格或圖解資訊等評價內容，也許對企業更有助益。

對於這些行銷組合要素，4P 雖有助於結構化思考，但也要隨時做好偏離架構的準備，因為說不定偏離架構，反而能讓你創意加分。

延伸閱讀

Borden, N.H. (1964) 'The concept of the marketing mix', *Journal of Advertising Research*, 24(4): 7-12.

Kotler, P. (2012) *Marketing Management*. Harlow, UK: Pearson Education.

Lauterborn, B. (1990) 'New Marketing Litany: Four Ps Passé: C-Words Take Over', *Advertising Age,* 61(41): 26.

McCarthy, J.E. (1964) *Basic Marketing: A managerial approach.* Homewood, IL: Irwin.

第八節

定價策略：動態定價法

　　定價策略是你選擇向顧客收取多少費用來換取你的產品或服務。這是行銷組合的關鍵要素，且須與組合中的其他要素（產品、通路、促銷）維持一致，以確保該產品／服務能在競爭市場獲致最佳成功機會。

　　動態定價法是一種特定定價策略，讓你可因應需求變異，迅速改變價格。

使用時機

- 決定一項新產品或服務要收取多少費用。
- 瞭解競爭對手的定價選擇。
- 為你的企業找出獲取額外利潤的機會。
- 調整價格，以因應需求改變。

緣起

最早的定價研究起源於個體經濟學，根據的概念很簡單，即企業應選擇最適價格／產出，以最大化獲利。這些理論也逐漸調整，以符合商場上的實際情況。比如說，藉由創造些微差異化的產品，設定不同價格點，企業可從潛在顧客不同層級的「願付價格」中獲取利益。此外，價格亦會因時而異，例如，生產成本會逐漸降低。競爭對手的定價策略同樣被列為組合要素之一，通常以賽局理論來預測，譬如一旦你抬高價格，競爭對手可能作何反應。

動態定價法的概念雖存在已久，直到網際網路時代來臨，才真正受到重視。拜網路科技之賜，企業取得的顧客購買行為資訊，比以往來得詳盡；同時，也多虧網際網路興起，產品及服務的定價透明度大為提高。由於這些趨勢，許多產業的企業可即時調整價格，需求高時提高價格，需求低則降價。

定義

　　定價策略係根據三組概括因素而定。首先是產品／服務預期達到的利潤目標；對於可接受的獲利能力水準，公司多半都有明確的期望。其次，是顧客需求及整體願付價格。第三是競爭：在既有市場上，定價策略深受時價牽制；在新興市場上，由於無立即競爭對手，改變價格的自由度顯然高出許多。

　　若把這幾組因素納入考量，定價策略也形同一種策略選擇，一般來說，有助於讓長期獲利能力最大化。可運用的模式有若干種，不同產業間通常存有重大差異：

- **目標利潤定價法：**設定價格以達到目標投資報酬率。這在既有類別是相當常見的，如大多數的超市產品等。

- **成本加成定價法：**以生產成本加上特定邊際利潤為價格。普遍度雖逐漸下滑，在某些部門依然可見，譬如政府採購等。

- **價值基礎定價法：**以顧客眼中、相對於替代產品的有效價值為價格。這在新興產品領域相當常見，例如線上遊戲或文字內容，或新的智慧

型手機產品線。

● **心理定價法**：根據某些因素來定價，如產品品質或聲望的訊號，或消費者認為公允的價格。許多奢侈品都以此方法來定價。

過去十五年來，「動態定價法」興起為第五種模式，在產品「岌岌可危」、可用產能固定的市場尤其普遍，譬如機位、旅遊產品預訂、飯店房間等。有了網際網路之後，一切都變為可能，顧客及供應商可得的資訊比以往龐大許多。在這類市場上，通常會想盡辦法抬高價格，讓可用產能發揮得淋漓盡致。這就是為什麼滑雪假期硬生生要比一般季節的連假貴一倍；這也是為什麼機票價格幾乎天天波動不休。

如何運用

以下舉個動態定價法的例子。如果你想線上訂房，便會發現價格天天都不一樣。從飯店的觀點來看，房間每晚該開價多少，取決於顧客願意掏多少錢。如果價格過低，就等於把錢放在桌上，錯失商機；開價過高，又可能流於漫天開價，丟了市場。因此，這些價格上的變

化，在在反映出飯店試圖維持供需平衡。需求提高，價格上漲；需求減少，價格也跟著下跌。隨著住房日期逐漸接近，情況就變得更加複雜了，因為對飯店來說，與其浪費空房，不如以極低價攬客。如果你是在最後關頭訂房，有時能搶到便宜（因需求過剩），有時則被大削一筆（因空房所剩無幾）。

就動態定價法而言，企業採取的技巧相當繁雜。其牽涉到要大量資訊，舉凡前期需求層次、對未來需求的期望、競爭對手的產品及價格，以及某段期間可賣的產品數量等。一般而言，還可透過一種稱作定價機器人（pricing 'bots'）的代理軟體，將改變定價自動化。

實務訣竅

瞭解顧客的願付價格，是確立定價策略最重要的一環。釐清產品成本，藉此資訊來制定價格，並非難事。然而，倘使一開始就問自己，顧客能從你的產品獲得多少價值，再由此回推，一般來說會是較好的辦法。有時，抬高價格甚至還可提高產品的知覺價值（以奢侈品來說就十分奏效）。

網際網路問世以來，要測試各式各樣的定價策略、迅速因應需求調整定價，變得比以往容易許多。以出版業而言，亞馬遜公司為動態定價法的先鋒；易捷航空和西南航空則是廉價航空產業採用動態定價法的領頭羊。

最大陷阱

動態定價法有若干顯而易見的陷阱。其一，你可不希望以「需求降低，價格便降低」而出名。顧客很容易識破這樣的把戲，往後就會等到最後一刻才肯下單。為避開這種問題，許多企業找來中間商作為偽裝，幫他們賣出最低價的產品：舉例來說，如果你想透過訂房網站lastminute.com搶特惠，通常要等到確實下單了，才會顯示飯店名稱。

另一陷阱是，定價變異太多會令顧客不悅。他們可能認為這樣的差價並不公允，覺得困惑，乾脆到別處光臨。企業在採取動態定價法時，多半都會小心翼翼，不讓價格變動幅度過大或太頻繁。

延伸閱讀

Raju, J. and Zhang, Z.J. (2010) *Smart Pricing: How Google, Priceline and leading businesses use pricing innovation for profitability.* Upper Saddle River, NJ: FT Press.

Vaidyanathan, J. and Baker, T. (2003) 'The internet as an enabler for dynamic pricing of goods', *IEEE Transactions on Engineering Management*, 50(4): 470-477.

第九節
產品生命週期

每個產品都會歷經「生命週期」,從導入、成長、成熟邁向衰退。若能掌握這種生命週期,並找出特定產品位處的階段,就能在行銷上做出更佳決策。

使用時機

- 決定某特定產品如何定位,又該投資多少錢。
- 管理產品組合。
- 決定如何推出一樣新產品。

緣起

與眾多管理觀念類似的是,產品生命週期先是在

非正式場合被普遍接受，接著才正式提出來討論。最早談此主題的文章，包括行銷學教授西奧多・萊維特（Theodore Levitt）於一九六五年發表的〈善用產品生命週期〉。該文旨在主張，行銷策略端視產品的生命週期階段而定。眾多後來的研究都承繼萊維特的觀點，並加以衍生。

產品生命週期演變出許多版本。以國際商務領域為例，雷蒙德・弗農（Raymond Vernona）認為對跨國企業來說，新產品通常會選在歐美等已開發區域推出，待成熟茁壯後，再逐漸鋪到較低度開發國家。此外，研究者探討了產業生命週期（某種產品別的所有提供者整體的成長與衰退模式，例如個人電腦產業），也探究了擴散的生命週期（著重在某一人口對於新技術的接受速度）。

定義

每種產品都有其生命週期，也就是說，都會歷經成長、成熟、衰退等可預測的階段。推出較久的產品總有一天會變得落伍，被日新月異的時髦產品所取代。此

過程涉及許多因素，或與產品本身的特性有關，或攸關瞬息萬變的社會期望與價值。有些產品的生命週期極長（比如冰箱），有些生命週期極短（譬如行動電話特定型號）。

根據產品生命週期**模式**，生命週期有四種特定階段，包含導入、成長、成熟、衰退，隨產品位處階段不同，適用的行銷組合也不同。舉例來說，在初期的導入、成長階段挹注大量投資，通常對於確保日後營收頗有助益。

- **導入**：一般而言，此階段耗費資金，且充滿不確定性。市場規模往往偏小，開發及推出產品的成本多半極高。

- **成長**：這階段產量及銷售額持續大幅提升，通常可創造顯著的規模經濟。在此階段，由於極力拓展市占率、超越競爭對手，投入行銷及促銷的預算也許十分可觀。

- **成熟**：到此階段，產品雖然穩固了，仍極可能面臨大量競爭對手。因此，企業要務包括維持市占率、設法改良產品特性，同時也要試著改善製程以降低成本。到此生命週期階段，利潤

率通常抵達巔峰。

- **衰退**：產品市場到了某階段，便會開始萎縮。原因普遍在於新興產品類別問世，逐漸取代既有產品（如智慧型手機漸漸取代筆記型電腦），但也可能是市場飽和之故（換言之，所有會買這項產品的顧客，都已添購過了）。在此階段依舊可能創造極高利潤，方法如改採成本較低的生產法，或把重心移向較低度開發的海外市場。

如何運用

在個別產品生命週期階段，行銷人皆有許多策略可運用。不同階段適用的典型策略，舉例如下：

導入

- 投入高額促銷支出，以提高知名度、告知眾人。
- 降低初始定價，以刺激需求。
- 重點在於善用需求，初期可利用「早期採用者」，盡可能透過他們來促銷你的產品／服務。

成長

- 登廣告以提升品牌知名度。
- 增加產品通路，促進市場滲透。
- 改良產品：創造新的特性、改良樣式、增加選項。

成熟

- 透過產品強化及廣告以達差異化。
- 生產合理化，將製造外包至低成本國家。
- 與另一企業合併，以減少競爭。

衰退

- 登廣告：試圖增加新受眾，或提醒現有受眾。
- 降低價格，增加產品對顧客的吸引力。
- 為既有產品增添新的特性。
- 多角化投入新興市場，例如較低度開發國家。

實務訣竅

　　雖能清楚描述產品歷經的階段，產品生命週期模式並非牢不可破。世上就有眾多產品（如牛奶）成熟了數十年，還有其他產品（如筆記型電腦）成長後迅速邁入衰退，成熟階段短之又短。

　　因此，若想實際運用產品生命週期，試著從產品各種可能軌道來思考，會相當有幫助。舉例來說，一個成熟的產品有沒有可能「徹底改造」，促進額外成長？在一九九〇年代中期，咖啡顯然已是一項成熟產品，但霍華·舒茲（Howard Schulz）創造了星巴克，讓咖啡得以振興，搖身變為成長產品。

　　另一種運用產品生命週期的方式，是從企業銷售的產品組合來思考。原則上，正值導入及成長期的產品都處於負現金流量狀態；成熟及衰退期的產品現金流量則為正。所以，擁有多樣處於不同階段的產品，能帶來相當有益的平衡。

最大陷阱

　　產品生命週期的陷阱之一，在於可能形成一種自我應驗。倘使你是一位行銷人，眼看產品即將邁入衰退期，也許會決定不再積極行銷，如此一來，產品勢必會邁向衰退。反之，你也可能認為這項產品應得到額外投資，苦於說服對整體產品組合有決定權的老闆。

　　要當一位優異的行銷人，必須參考多元數據，以利於決定產品正值哪一階段，以及當前階段是否要延長，方法諸如打造嶄新行銷宣傳活動、強化產品等。

延伸閱讀

Day, G. (1981) 'The product life cycle: Analysis and applications issues', *Journal of Marketing*, 45(4): 60-67.

Levitt, T. (1965) 'Exploit the product life cycle', *Harvard Business Review*, November-December: 81-94.

Vernon, R. (1966) 'International investment and international trade in the product cycle', *Quarterly Journal of Economics*, 80(2): 190-207.

第十節
區隔及個人化行銷

　　區隔是針對特定產品或服務,將「大眾市場」切割為若干不同區隔的過程,每一區隔的消費者需求略為不同。個人化行銷則是將區隔推至極致,試圖為每一顧客打造獨一無二的產品提供物。

使用時機

- 讓各式各樣的產品提供物,滿足不同區隔的顧客需求。
- 洞悉市場中有哪些需求目前尚未充分得到滿足。
- 抬高某產品或服務的價格,以期滿足特定區隔或個人的需求。

緣起

市場區隔的思維源起於一九三○年代，當時愛德華·錢柏林（Edward Chamberlin）等經濟學家提出的觀點是，產品要能符合消費者的需要與欲求。約莫同一時期，備受矚目的區隔實驗首次出現在通用汽車。在那之前，福特汽車公司因開發出一體適用模組的福特T型車，穩坐汽車製造商的霸主地位。通用汽車在執行長艾爾弗雷德·斯隆（Alfred Sloan）帶領下，構思了一種激進的替代模式，即推出「適用於每種人與每種用途的車」。截至一九三○年代，通用汽車一共建立五種不同品牌，從高端到低端依序為凱迪拉克、別克、奧斯摩比、奧克蘭（後改名為「龐帝克」）、雪佛蘭。此區隔模式大為成功，也讓通用汽車一躍而為全球最大的汽車公司，於戰後期間幾乎獨占鰲頭。

市場區隔的理論觀點是由溫德爾·史密斯（Wendell Smith）所提出。他在一九五六年指出：「市場區隔牽涉到，如何把異質市場視為若干較小的同質市場，以因應各式各樣的偏好，根據消費者的渴望，更準確地滿足不同的需求。」後來到了一九七四年，溫德（Yoram

Wind）及卡多佐（Richard Cardozo）兩人的研究，主張區隔是「一群具備某共同特性的現有及潛在顧客，他們對供應商行銷刺激所產生的反應，與這種共同特性是有關連的。」

在一九九〇年代，公司開始能取得大量顧客資訊，也促成個人化行銷觀念的興起。舉例來說，有了網際網路軟體，公司能找出顧客的登入地點、追蹤顧客交易紀錄，還可透過「cookies」（儲存於個人電腦或筆電中的小型軟體模組）瞭解消費者其他的購物喜好。這些數據助益良多，讓公司得以為每一顧客打造個人化的提供物。其他類似觀念也陸續出現，如**一對一行銷**及**大量客製化**等。

定義

區隔分析的目標在於，藉由比較各區隔的規模、成長、獲利能力，從公司的潛在顧客群找出最具吸引力的區隔。一旦找出富有意義的區隔，企業便能選擇鎖定哪些區隔，以利廣告及促銷方案聚焦，提高準確度及獲利。

以下條件就緒時，市場區隔能發揮效用：

- 能清楚找出區隔。
- 能衡量其規模（以及其規模是否夠大、值得成為鎖定的目標）。
- 該區隔可透過促銷方案來觸及。
- 該區隔與企業的優先要務及能力相符。

找出市場區隔的方法有很多種。大多數企業採取的層面，包括地理（顧客居住的地方）、人口統計（顧客年齡、性別或種族）、收入及教育階層、投票習慣等。透過這些「替代」措施，能將人分為若干興趣相投的團體，並假設同一團體的人有著類似的行為。在尚未有網際網路的年代，這類替代措施就是最好的賭注。然而，隨著網際網路、「大數據」時代來臨，要蒐集鉅細靡遺的個人資訊，包括線上及購買選擇的實際行為，均變為可能。還可藉以大幅提高區隔的準確度，甚至精細到為個人量身打造。舉例來說，亞馬遜根據你先前的購買行為，寄送個人化推薦郵件；雅虎讓你自行指定首頁要放哪些要素；戴爾公司讓你自行配置零件，然後才組裝成電腦。

如何運用

市場區隔的基本方法論，已行之有年：

- 定義你的市場：譬如英國的零售（個人）銀行。

- 蒐集任何可掌握的數據，找出市場中的關鍵層面。其中包括明顯的資訊，如年齡、性別、家庭規模、地理；也包含重要（但有時難以取得）的資訊，如教育及收入階層、住宅自有、投票模式等。有些時候，這類數據是從既有顧客身上蒐集而來的，但有一點務必注意，非顧客的資訊也同等重要，畢竟未來也可能成為顧客。

- 以「叢聚法」的方法論分析數據，找出整體市場中屬性相似的子集合。比如說，以收入階層來區隔市場，按支付能力找出高、中、低階顧客，幾乎易如反掌。然而，這不見得是至關重要的層面。試舉一例，如果你要銷售的是數位產品，顧客年齡及教育階層或許更為重要。

- 根據分析結果，找出各種區隔，分別命名，再逐一擬定策略。你也許會選擇獨獨聚焦於某一區隔，或針對每一區隔分別打造提供物。

個人化行銷雖也適用相同邏輯，但分析工作龐大繁重，只能全靠電腦來完成了。譬如，英國超市特易購首開先例，藉由發放「俱樂部卡」，追蹤個人每筆購買紀錄。特易購（透過關係企業唐恩杭比）建立一電腦系統，分析所有數據，再根據顧客先前的購買模式來提供特惠方案。例如，你之前若買了一大堆早餐穀片，或許就有機會半價購入家樂氏的新產品。

實務訣竅

　　市場區隔雖是備受認可的技巧，卻也可能弄巧成拙，適得其反。換言之，倘使所有企業都使用同一套途徑來區隔顧客，那恐怕最後都要來場肉搏戰了。以汽車產業來說，區隔十分明確，根據的不外乎汽車尺寸、運動性能多強等等。

　　因此，最重要的實務訣竅在於，界定區隔時，應當發揮創意，如此一來，區隔顧客時，才能想出稍稍與眾不同的法子。以汽車產業為例，「運動休旅車」此一區隔，直到二十年前才問世，而首次針對此區隔打造車款的公司，表現也相當出色。

最大陷阱

　　區隔仍有其限制，必須適當為之。有些區隔規模太小，不值得耗費心力；有些則充斥既有產品，也應當避免。此外，人們也容易流於過度區隔市場，創造過多種類的提供物，以致市場根本容納不下。碰到這種情況，消費者只會困惑不已，甚至對任何提供物都不買單。

　　最後，在全新的新興市場上，由於仍無法掌握消費者行為，區隔是一大挑戰。有時，實際買方行為與市場研究預測結果大相逕庭。大體來說，相較於新興市場，區隔對既有市場是較實用的技巧。

延伸閱讀

Peppers, D. and Rogers, M. (1993) *The One to One Future: Building relationships one customer at a time.* New York: Doubleday Business.

Sloan, A.P. (1964) *My Years with General Motors.* New

York: Doubleday Business.

Smith, W.R. (1956) 'Product differentiation and market segmentation as alternative marketing strategies', *Journal of Marketing*, 21(1): 3-8.

Wind, Y. and Cardozo, R.N. (1974) 'Industrial market segmentation', *Industrial Marketing Management*, 3(3): 153-166.

第三章

策略

企業策略探討的是，企業該朝何處挺進，以及打算如何抵達目的地；其牽涉到，策略在哪進行（何種產品該銷售給何種顧客）、要怎麼進行（自身要如何定位，以對抗競爭對手）。至於策略如何定義，各方觀點不同，譬如著名的管理思想家亨利・明茲伯格（Henry Mintzberg）就提出了十種不同的模式及觀點。本章將針對最知名的五種來介紹。

最受歡迎的策略入門觀點，或許當屬麥可・波特（Michael Porter）的**五力分析**了。此途徑主張，企業在定義策略時，應先瞭解其所競爭的產業架構，再從該產業當中找出最堅不可摧的定位，以維繫長期競爭優勢。**賽局理論**是一種相關的觀點，著墨企業之間競爭的重要性，尤以**囚徒困境**的概念為要。根據這種觀點，企業選擇的策略，並非在孤立狀態下所做的決定。反之，應將其視為一種動態「賽局」，即某方面來說，最佳選擇也是他人選擇所致的結果。

這種競爭觀點相當難能可貴，但焦點幾乎全擺在外部。一九九〇年代，有一種替代觀點日漸受到重視，主張審視企業內部，瞭解如何化內部資源與能力為優勢（**核心能力及資源基礎觀點**）。更近期以來，焦點則

逐漸轉移，從在既有市場追求永續、長期優勢，轉變為開拓新興市場，因此傳統競爭動態又不適用了（**藍海策略**）。

　　以上這些模式，都與個人事業策略息息相關。但實際上，許多企業同時經營多重事業，也因此，有些重要模式專攻這類複雜狀況。**波士頓成長占有率矩陣**即為一種經典模式，對於從企業投資組合的多重事業中釐清頭緒，大有助益。對於探究企業或群體層級策略，近年來由於有其他更縝密的模式繼起，此模式有些式微了。

第十一節
波士頓成長占有率矩陣

大多數企業營業項目都超過一種。以這類多事業部企業來說，釐清各營業項目如何相互結合、哪些為未來投資優先項目，可謂挑戰性十足。波士頓顧問集團的「成長占有率矩陣」，即為一種有助於分析的簡單模式。

使用時機

- 可描述多事業部企業內部的不同營業項目。
- 有助於選擇哪些事業應優先投資或出售。

緣起

時值戰後年代，歐美企業規模大幅成長。複合企業

逐漸興起，如ITT、奇異、韓森等；一般而言，這類企業擁有眾多非相關事業，透過總部的財務措施以全盤控制。

為因應這種多角化趨勢，波士頓顧問集團創造了波士頓成長占有率矩陣。這種矩陣提供一種直覺方法，將企業支配的所有不同事業，透過二乘二矩陣加以擘劃；也提供若干簡易的指導原則，以決定任一事業應如何受企業總部管理。大型企業的事業組合往往極為多元，此矩陣有助於全盤掌握，因此廣受大型企業歡迎。

波士頓矩陣十分簡易，卻也因此構成了限制。過去幾年來，顧問公司麥肯錫、奇異等，陸續提出了數種不同版本。在一九七〇至一九八〇年代期間，光是這種矩陣，便有各式各樣的版本被採用；然而到了一九九〇年代，人們逐漸體認到非相關事業之間的可得綜效有限，多角化趨勢大幅降低。大型複合企業紛紛解體，有時是私募股權為主的「企業掠奪者」所致，有時是本身領導者為求聚焦所致。波士頓矩陣逐漸失寵，雖現今仍為人採用，通常是以極非正式的方法為之。

定義

　　波士頓矩陣具兩種維度。縱軸指「市場成長」，用以衡量特定市場的成長速度有多快。比方來說，牛奶市場可能以每年百分之一的速度成長，智慧型手機市場則或以每年百分之十的速度成長。橫軸指「相對市占率」（相對於市場領導者的市占率），可衡量你的事業在該市場內部有多強健。舉例來說，你或許在成長緩慢的牛奶市場握有百分之二十的市占率，在成長迅速的智慧型手機市場則有百分之四的市占率。

　　矩陣上列出了每種營業項目，而圓圈大小通常代表該事業的銷售額（占總營收）。矩陣各象限均有其名稱：

- **高成長／高占有率**：屬「明星」事業，指投資組合中最具吸引力的事業。

- **高成長／低占有率**：稱為「問號」事業，市占率相對較小，但市場仍持續成長。一般認為具有潛力。

- **低成長／高占有率**：屬於「金牛」事業，十分成功，但處於低成長的成熟市場。一般而言，能提供強健的正現金流量。

低成長／低占有率：指「瘦狗」事業，一般認為是投資組合中最弱的事業。必須盡快力挽狂瀾或撤出。

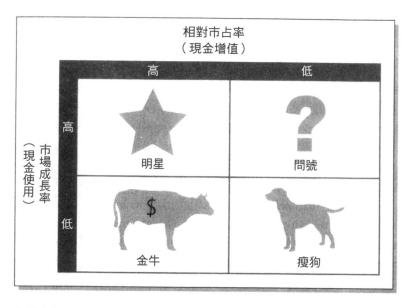

資料來源：改編自波士頓顧問集團「產品組合矩陣」之投資組合矩陣。
（1970, The Boston Consulting Group [BCG]）

　　垂直的「成長」維度是一種替代測度，指競爭市場上整體的吸引力；水平的「占有率」維度則代表，你的事業就潛在能力而言，整體強度如何。

如何運用

　　將各種事業放置於單一矩陣，便能立即「繪製」出你的企業投資組合。這是波士頓矩陣本身相當實用的特性，在一九六○至一九七○年代之間，此矩陣更是紅極一時，當時某些複合企業動輒擁有五十種以上營業項目。

　　除此之外，透過這種矩陣，也有利於洞察事業發展狀況，及下一步該怎麼走。普遍來說，金牛事業由於處在成熟漸衰的市場，能產生正現金流量。問號事業則恰恰相反，位處充滿不確定的成長市場，亟需投資。循此脈絡分析，從金牛事業掏錢出來，投資問號事業，也是相當符合邏輯的結果。如此一來，兩者皆大歡喜，市占率提高，躍升為明星事業。隨著明星事業漸漸式微，變為金牛事業，多餘現金便能挹注下一代的問號事業。如上所述，面對瘦狗事業，通常會選擇儘速脫手，不過有些時候，若能及時扭轉乾坤，或有機會翻身為問號或金牛事業。

　　邏輯上看似合理，實際上企業總部能做的卻極為有限。請試想，「資本市場」之所以設在英美等已開發

國家，就是要讓企業能取得可投資的資本。如果你認為某一企業位於具吸引力的市場，你就可能掏更多錢來投資；而若認為一企業位處不良市場，你或許會賣出股份。因此，要企業總部限縮角色，僅在不同事業間挪移金錢，並不太合理，畢竟一般而言，交由資本市場來運作反而更有效率。

換句話說，波士頓矩陣最大限制在於，其低估了企業總部潛在的重要角色，即跨投資組合創造價值。當今的多角化企業，對於各種創造、毀滅價值的方法，比以往見解要縝密得多，比如在不同事業之間分享技術、顧客關係，及在不同營業項目之間進行知識轉移等。坎貝爾、古德、亞歷山大（Andrew Campbell, Michael Goold and Marcus Alexander）一九九五年提出的「養育優勢」矩陣，即試圖有效處理這類議題。

實務訣竅

若要初步釐清你的事業投資組合，波士頓矩陣是相當實用的辦法，有助於找出前景最看好及最堪憂的機會所在。然而，從分析結果得出結論時，仍

要十分謹慎小心。

　　請記住，市場成長、市場占有率等二維度，分別代表該市場的潛在吸引力、事業的潛在強度。嘗試其他方法來衡量這些維度，一般而言極有幫助。譬如，你可針對某一市場進行「五力分析」，詳加瞭解其整體吸引力，而非貿然假設成長即關鍵變項。

　　至於思考如何定義市占率，同樣要小心翼翼。例如，BMW在整體汽車市場的占有率極低（低於百分之一）？還是説，在豪華轎車市場的占有率高（高於百分之十）？隨著界定市場邊界的方式不同，該事業的定位也會大幅隨之改變。重申一次，這類分析究竟有何意涵、分析結果有多大程度是某特定數字所致，在思考上都務必嚴謹。

最大陷阱

　　波士頓矩陣可能產生自我應驗的預言，這點尤其危險。試想，假使你經營的事業被認定是金牛，

企業總部説要收回你手上多餘的現金，好用來投資問號事業。這意味著你無法從事任何新的投資，導致你的市占率更加下滑。即所謂自我應驗的預言。

　　要避免這類風險，有個顯而易見的方法可行，那就是試著提出充分理由，以求再投資該事業。即便已然成熟，只要獲得適度投資，該事業仍有機會重生、成長。關鍵就在於企業總部主管能慧眼看出其潛力。

延伸閱讀

Campbell, A., Goold, M., Alexander, M. and Whitehead, J. (2014) *Strategy for the Corporate Level: Where to invest, what to cut back and how to grow organizations with multiple divisions.* San Francisco, CA: Jossey-Bass.

Campbell, A., Goold, M. and Alexander, M. (1995) 'Corporate Strategy: The Quest for Parenting Advantage', *Havard Business Review*, 73(2): 120-132.

Kiechel, W. (2010) *Lord of Strategy: The secret inellecual history of the new corporate world.* Boston, MA: Havard Business School Press.

第十二節
藍海策略

　　大多數企業都是在既有「紅海」市場競爭，競爭對手根深柢固，顧客期望也早已界定明確。偶爾，會有企業憑前所未有的產品或服務，創造出「藍海」市場；一般認為，這種策略能大幅提高獲利能力。

使用時機

- 瞭解你目前的策略有何獨到之處（如果有的話）。
- 讓你的既有策略更獨到。
- 為嶄新提供物挖掘機會。

緣起

多年以來，研究者已體認到，企業要成功，泰半在其產業都能夠「打破常規」。譬如在一九七〇年代，瑞典家具製造商宜家家居，創立一套製造及銷售家具新方法，生意蒸蒸日上。

一九九〇年代中期，隨著網際網路興起，新企業打破產業既有常規更形容易；值此年代，「商業模式」這一術語也普遍起來。舉例來說，亞馬遜公司憑藉獨特商業模式，與傳統零售書商較勁，賺錢公式與巴諾書店或水石書店大異其趣。

這段時期至二〇〇〇年代間，不少研究者探討商業模式創新的過程，為企業提供建議，比方如何自行打造一套新的商業模式，或如何對抗新進入者的新商業模式等。哈默爾（Gary Hamel）的《啟動革命》、馬基德斯（Constantinos C. Markides）的《為所當為：研擬突破性策略指南》都是極具代表性的出版品。不過，針對商業模式創新影響最鉅的著作，或許當屬歐洲工商管理學院教授金偉燦（W. Chan Kim）、芮妮・莫伯尼（Renée Mauborgne）合著的《藍海策略》。即便這些出版品的

基本觀點大致相仿，對於如何定義、開創新市場機會，
《藍海策略》提供的指南仍最為全面。

定義

　　金與莫伯尼將充滿商機的世界，分為紅海、藍海。
紅海是當今存在的既有產業，通常有明確的邊界；企業
循著眾所周知的遊戲規則搶食市占率，然而隨著市場飽
和，利潤及成長的前景變得渺茫。紅海產業包含汽車、
消費品、航空公司等。

　　藍海指當今不存在的產業，為一未知的市場空間，
免受競爭威脅。在藍海中，需求是創造出來的，而非爭
取而來的，成長機會多不勝數。畢竟遊戲規則尚待確
立，競爭與藍海是沾不上邊的。蘋果以發現藍海著稱；
舉例來說，它開創了合法線上音樂銷售（iTunes）以及
平板電腦（iPad）市場。

如何運用

　　藍海策略是一套工具，可幫助企業找到並占據藍海

機會。首先，要瞭解顧客價值，即顧客的潛在欲求或需要是什麼，進而挖掘能滿足這些價值的全新方法。「策略草圖」是最佳辦法，橫軸可羅列各式各樣的顧客價值，縱軸則列出每種價值獲滿足的程度（見下圖）。藉由將自身企業概況描繪於策略草圖，再與鄰近及遙遠的競爭對手的概況相比較，便能清楚看出目前策略的獨到之處。如圖所示，企業A與B的策略極為相近，C企業的策略則獨具一格。

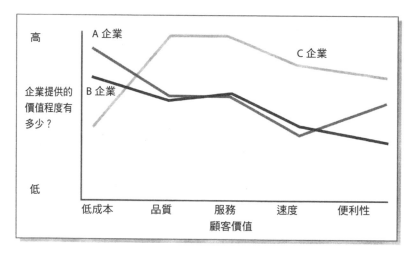

資料來源：Kim, C. and Mauborgne, R. (2005) *Blue Ocean Strategy*. Boston, MA: Harvard Business School Press.

策略草圖能記錄已知市場空間的發展現況，呈現出該產業賴以競爭的因素，以及當前投資的競爭所在。此外，也開啟一場對話：哪些應有所變革？它能幫助你探索在哪些區塊中，各企業皆尚未能充分滿足既有顧客需要；也有助於構思各企業尚未挖掘的潛在新價值來源。進行對話時，可提出四項問題：

- 哪些被產業視為理所當然的因素可予以**排除**？
- 哪些因素可大幅**降低**至產業標準之下？
- 哪些因素可大幅**提高**至產業標準之上？
- 哪些因素是產業未曾提供卻可以**創造**的？

這項分析首重「價值創新」，即追求差異化、低成本之餘，同時也要為企業及顧客創造額外價值。請注意，這與麥可・波特（Michael Porter）提出的競爭策略初始概念迥然不同，他認為企業應在差異化或低成本之間擇一。大體來說，置身藍海時，你可同時採取差異化及低成本，但隨著藍海逐漸被其他企業瓜分，產業規則確立後，則會變為一片紅海。一旦變為紅海，波特的最初論點，也就是務必在差異化、低成本之間做出選擇，又顯得合理了。

實務訣竅

　　藍海策略提供一套全面的工具,可用來分析顧客被滿足及未被滿足的需要,以及競爭對手的提供物等。然而,藍海的核心思維在於,要能針對前所未有的產品或服務構思創見。這是相當艱難的,畢竟某程度上來說,我們全都被先前經驗綁架。要想跳脫過去經驗,就必須從異乎尋常之處找靈感。舉例來說,你可以參考替代產業或其他企業提供的解決方案。有一種指導原則十分實用,那就是問自己,如果跟你同一產業,「賈伯斯會怎麼做?」或「理查‧布蘭森會怎麼做?」他們倆舉世聞名之處,在於無論投入什麼市場,都能勇於挑戰正常遊戲規則。

　　另一種途徑,則是確保參與討論的團隊成員具異質性,並納入剛進企業不久的菜鳥,因為他們更能敞開心胸,接受與眾不同的點子。

最大陷阱

藍海策略的觀念雖很吸引人，卻有一重大限制，即千真萬確的藍海機會少之又少。許多潛在藍海最終只是海市蜃樓，或實際上市場小得可憐。企業在擬定藍海策略的過程中，難免令人有些沮喪，收益往往也不若預期亮眼。

延伸閱讀

Hamel, G. (2001) *Leading the Revolution*. Boston, MA: Harvard Business School Press.

Kim, C. and Mauborgne, R. (2005) *Blue Ocean Strategy*. Boston, MA: Harvard Business School Press.

Markides, C. (1999) *All the Right Moves. Boston*, MA: Harvard Business School Press.

第十三節
核心能力及資源基礎觀點

　　企業要獲利,光靠擬定一般性策略是不夠的。有些時候,內部資源及能力要夠獨特,讓其他企業望塵莫及才行。透過這些模式,能幫助企業瞭解並發展內部能力,培養競爭優勢來源。

使用時機

- 瞭解兩個即便市場定位相同的企業之中,為何其一企業獲利能夠勝出。
- 提升自身企業的獲利能力及成長。

緣起

拜麥可‧波特（Michael Porter）影響力卓著的著作所賜，一九八○年代的策略思考，全都著重於企業如何在所選產業找到自我定位；換言之，是聚焦於外部的。然而，企業要想成功，注意力也得擺在內部資源與能力；具備了足夠技能，才能將意向付諸實踐。

一九九○年左右，思維朝內部觀點轉移。同年，蓋瑞‧哈默爾（Gary Hamel）及普哈拉（C.K. Prahalad）發表一篇劃時代論文，題為〈公司的核心能力〉，主張維繫長久成功的祕訣在於，瞭解企業賴以保有獨特性的潛在能力，並持續予以增強。約莫同一時期，傑‧巴尼（Jay Barney）寫了一篇極具影響力的學術論文，認為成功的基礎在於擁有具價值、稀有、難以模仿的資源。雖奠基於前人學術研究，巴尼藉此著作將資源基礎觀點發揚光大，廣為全球各地學術研究者所知，乃貢獻所在。

定義

根據哈默爾及普哈拉，「核心能力」是一調和多重

資源與技能的組合，讓企業得以在市場上與眾不同。這類能力要能合乎三項準則：

- 提供各形各色市場的潛在可及性。
- 對於最終產品的顧客利益，能做出重大貢獻。
- 競爭對手難以模仿。

哈默爾及普哈拉舉的例子，如佳能在精密機械、精密光學、微電子學的核心能力，或迪士尼說故事的核心能力等。

核心能力不僅在既有市場有價值，在不同市場也有助於建立各種產品及服務。例如，亞馬遜憑藉尖端資訊科技基礎建設，才得以發展「亞馬遜網路服務公司」這項嶄新事業。核心能力的培養端賴日積月累的持續改進，也是其難以複製的原因之一。

「資源基礎觀點」為一種競爭優勢理論，探討一間企業如何運用各種有形或無形資源，以拓展市場機會。若能符合若干特定準則，資源將有潛力創造競爭優勢：

- 具有價值；
- 稀有（並非任何人都能自由取得、購買）；
- 不可模仿（無法立即複製）；
- 無可替代。

比方來說，坐擁鑽石礦坑的企業，具備競爭優勢的潛力，就在於鑽石符合這些準則。麥肯錫的例子更為有趣；過去幾年來，麥肯錫與關鍵客戶建立一套珍貴的關係，讓競爭對手望塵莫及。

不少觀察家認為，「資源」是可買進賣出的資產，「能力」則是用以達成理想目標的各種資源組合，因此把兩者區分開來，會相當管用。

「核心能力」與「資源基礎」觀點之間，雖有顯著雷同之處，仍非完全相同。運用上，核心能力思維較偏應用面，眾多企業會口頭討論其核心能力是什麼；反觀資源基礎觀點，則是學術研究在思考這類議題時較偏好的方式。

如何運用

以結構化架構來分析企業的核心能力，會十分有幫助。以下是一種標準途徑：

- 首先請腦力激盪，思考什麼對顧客或客戶來說最為重要：他們需要什麼？他們認為什麼具有價值？他們面對怎樣的問題，是你或可解決的？

- 再來想想看，這些需求的背後需具備何種能力。倘若顧客很重視小型產品（例如行動電話），那麼相關能力也許不外乎小型化及精密工程。假使他們尋求高階事務上的建議，相關能力或許就牽涉到關係管理。

- 腦力激盪，思索你的既有能力：在人們眼中，你的企業擅長什麼；表現確實優於競爭對手之處有哪些。逐一根據相關性、模仿困難度、應用廣度等來檢驗，進而做出篩選。

- 現在，請把這兩串清單放在一塊，試問自己：極具挑戰或至關重要的顧客需要，以及企業真正擅長之處，有哪些地方重疊。重疊之處，其實就是你的核心能力。

- 有不少案例顯示，這兩串清單的重疊處，是遠遠談不上完美的，甚至會衍生出若干補充問題。比如說，如果你欠缺核心能力，不妨找看有哪些能力是可培養、努力加強的。又或者，缺乏核心能力，但顯然又培養不出顧客珍視的能力時，也許你就得考慮其他方法，譬如透過巧妙定位，以在市場上創造獨特性。

實務訣竅

　　核心能力的定義是極具排他性的。換句話説，若以非常嚴謹的方式應用此準則，那麼大多數企業可能連一項核心能力都沒有。因此，應用這項架構時，通常概略即可；將價值、稀有、不可模仿等各式準則納入考量，固然有所幫助，但目的不是要你走進死胡同，而是要幫助你去思考，競爭對手可能如何試圖打敗你，或自身競爭定位該如何強化。

最大陷阱

　　核心能力分析的最大風險，在於執行上是高度內部聚焦的。對於擅長之處是什麼，由於人人觀點不同，大家辯論起來通常相當有趣。不過往往也容易淪為負面至極的談話，追究問題所在，部門之間變得針鋒相對。這也是為什麼討論核心能力時，務必時常在企業所長、試圖滿足哪些顧客需要之間反覆琢磨。

延伸閱讀

Barney, J.B. (1991) 'Firm resources and sustained competitive advantage', *Journal of Management*, 17(1): 99-120.

Barney, J.B. and Hesterley, W. (2005) *Strategy Management and Competitive Advantage*. Upper Saddle River, NJ: Prentice Hall.

Prahalad, C.K. and Hamel, G. (1990) 'The core competence of the corporation', *Harvard Business Review*, 68(3): 79-91.

第十四節
五力分析

　　這是一種分析產業吸引力的方法。對於一些產業來說，譬如製藥業，邊際利潤通常極高；零售等其他產業，邊際利潤則向來較低。五力分析能解釋原因所在，以及企業該怎麼做，以提高產業獲利。

使用時機

- 瞭解一既有產業的平均獲利能力水準。
- 替企業找到提高獲利的機會。

緣起

　　一九七〇年代中期，麥可・波特（Michael Porter）

憑著「產業組織」個體經濟理論的背景，任教於哈佛商學院，資歷尚淺。該領域文獻主要探討的是如何避免讓企業賺太多錢（例如防止企業擁有獨占能力）。波特發現，若把這些觀點重新架構，便能瞭解為何某些產業的企業，無論如何皆能維持獲利。於是，他寫了多篇學術論文，指出產業組織及策略思考之間如何求取平衡。一九七九年，他在《哈佛商業評論》發表了一篇經典專文，題為〈競爭力如何形塑策略〉，其觀點從此廣為人知。隔年出版的著作《競爭策略》，也探討同一主題。

以分析企業所競爭的直接產業來說，五力是首度問世的嚴謹架構。在此之前，管理者多半使用 SWOT 分析（優勢、劣勢、機會、威脅），這套分析雖實用，卻未能以結構化方法羅列企業面臨議題。

定義

透過五力分析的架構，能分析產業內部及周圍的競爭程度，進而分析該產業在各競爭企業眼中的整體「吸引力」。整體來看，這些競爭對手構成個體環境，形成各種與企業密不可分的力量；相形之下，總體環境（如

地緣政治趨勢）對產業的影響通常間接而緩慢。五力定義如下：

1. **新進入者的威脅：** 獲利市場能吸引新進入者，進而使獲利能力水準降低。然而，企業要進入獲利市場，並非總能輕而易舉，或許有財務或技術上的障礙得先跨越，或甚至是受限於管制上的原因。因此，從導致新競爭對手難以進入一產業的**進入障礙**來思考，會相當管用。對某些產業（如製藥及半導體）來說，進入障礙極高；其他產業（如零售及食品）的進入障礙則相對較低。

2. **替代品或替代服務的威脅：** 直接市場外部若有產品能滿足類似需要，較容易讓顧客改選替代方案，導致市場獲利能力受限。舉例來說，瓶裝水可能被認為是可口可樂的替代品，而百事可樂則是競爭對手的類似產品。瓶裝水愈是成功，可口可樂和百事可樂要賺錢就益發困難。

3. **顧客（買方）的議價能力：** 顧客購買產品所支付的價格，會深受其談判立場的優勢所影響。比方來說，你的新產品線是義大利麵醬，而沃爾瑪或特易購若決定在其超市上架，無論他們開價多

少，你都得接受（只要這場交易不至於讓你血本無歸）。顧客議價能力的潛在來源不一而足，如規模大小、重要性為何、切換不同供應商的容易度等。

4. **供應商議價能力：**此為前述力量的一體兩面。某些供應商提供的零件或服務，由於對你十分重要，便能漫天開價。如果你是餅乾製造商，而賣麵粉的只有一人，那麼你別無選擇，只能向他買。英特爾在個人電腦／筆記型電腦產業以議價能力出名，藉由說服顧客其微處理器（Intel Inside）是市場上的最佳方案，大幅提升對戴爾、聯想、惠普的議價能力。

5. **競爭敵對狀態強度：**指某產業競爭對手之間如何互動。當然，大多數企業都相信，競爭敵對狀態「戰況激烈」，但真相卻是，敵對狀態的性質會因產業而大有不同。比如「四大」會計師事務所及眾零售銀行之間，由於強調品牌及服務，也避免價格競爭，競爭上多半仍維持紳士風度。另一方面，航空公司產業則以割喉式定價、互相人身攻擊的浮誇性格聞名。

綜整來看，這些力量能提供全面性觀點，按一產業內部各企業的平均獲利能力水準，衡量其吸引力。

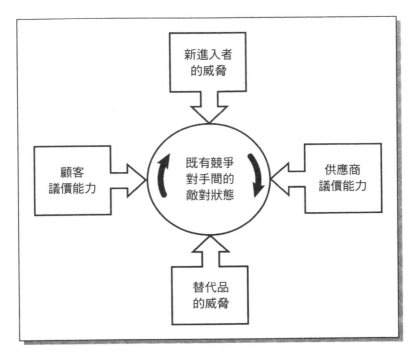

資料來源：改編自 Porter, M.E. (1979) 'How competitive forces shape strategy' *Harvard Business Review*, March/April: 21-38. Copyright © 1979 by the Harvard Business School Publishing Corporation.

如何運用

五力架構有兩種使用方式：第一，可藉以**描述**產業現況；第二，可針對**改善**企業競爭定位激發點子。

作為一種描述工具，此架構可根據現況依序逐一探討各種力量，評估這些力量有多強大。麥可‧波特所撰《競爭策略》一書，提供一份鉅細靡遺的檢核表，列出分析時應納入思考的項目。概括來說，譬如以單一「＋」號代表對你適度有利的力量，或以「－」號代表對你極為不利的力量。這項分析能幫助你瞭解你的產業為何較具或缺乏吸引力，也能凸顯出哪些力量會構成最大威脅。例如，若以此分析歐洲製藥產業，可能得出的結論是，以政府為主的買方議價能力為最大單一威脅。

第二種運用五力的方法，是藉這套分析來腦力激盪，構思提升競爭定位的辦法，以「擊退」對你影響最大的力量。以製藥業為例，若政府買方的議價能力極高，擊退的手法之一，即提升自身議價能力，譬如研發能讓消費者趨之若鶩的絕佳藥品，或是擴張規模、讓自己更強大（二○一四年，輝瑞試圖收購阿斯特捷利康即為一例）。

實務訣竅

　　首先，確保你對各種影響產業的力量分析準確。其一辦法是，確實釐清產業內部企業的平均獲利能力，再與所有產業的整體平均值相比（舉例來說，在二〇〇〇至二〇〇八年間，美國產業的投入資本平均報酬率為百分之十二‧四）。倘若你的產業獲利**確實**高於平均，應會看出一組相對有利的力量。

　　再來，應把注意力放在（五種當中）一至二種最攸關未來獲利能力的力量。根據分析結果，你可能得出如下結論：顧客議價能力、內部競爭敵對狀態為最大威脅。接下來的策略討論，便應聚焦於這些主題。

最大陷阱

　　分析師容易落入的最大陷阱，在於自認為描述了五力，便已大功告成。事實上，這種分析不過是個起點，雖有助於瞭解現況，對於該如何改變做法，卻隻字未提。

另一陷阱則是，未能正確定義產業邊界。你必須審慎思考哪些公司是立即競爭對手。比方來説，一般會把重點放在特定國家。如果你是在銀行業工作，相關產業可能包括「法國零售銀行業務」或「加拿大商業銀行業務」，而非只是整體而言的「銀行業」。

延伸閱讀

Porter, M.E. (1979) 'How competitive forces shape strategy', *Harvard Business Review*, March-April: 21-38.

Porter, M.E. (1980) *Competitive Strategy,* New York: Free Press.

Porter, M.E. (1996) 'What is strategy?', *Harvard Business Review*, November-December: 61-78.

第十五節
賽局理論：囚徒困境

　　一般而言，企業不會直接去思考怎麼做對顧客來說為正確；有時，企業會從策略角度，思索競爭對手會採取什麼行為，再據此調整自身行為。賽局理論提供一套模式，如「囚徒困境」等，幫助企業規劃策略，將這類因素全納入考量。

使用時機

- 在高度競爭情況下，選擇行動方案。
- 瞭解競爭對手的可能行動。
- 幫助談判。

緣起

　　賽局理論的學術根基極深。衍生於數學領域，提出者一般公認為馮紐曼（John Von Neumann），一九二八年他就此主題發表一篇初探論文，接著在一九四四年出版《賽局理論與經濟行為》一書（與奧斯卡‧摩根斯坦（Oskar Morgenstern）合著）。「賽局」一詞係指競爭情境裡，有兩名以上參與者試圖做出具互動關係的決策。

　　賽局理論的子領域繁多，本書重點會擺在一種眾所皆知的賽局，稱為「囚徒困境」。一九五〇年，美國蘭德公司的梅里爾‧弗勒德（Merrill Flood）及梅爾文‧德雷希爾（Melvin Dresher）首度對此賽局進行數學討論。由於涉及兩名參與者不斷揣測對方可能行為，囚徒困境被應用在冷戰政治及核武使用也就不令人意外了。一九五〇年代此領域研究大放異彩，各形各色的賽局分析問世。這段期間也出現了一種關鍵觀念，即「納許均衡」：任一方都無誘因改變其決策所致之賽局結果。

　　賽局理論的觀念也逐漸帶入了商場，運用在各式各樣的領域。舉例來說，若要瞭解企業在寡占情況下如何擬定策略，賽局理論便相當管用；寡占係指競爭對手僅

有少數，故對彼此緊盯不放。此外，賽局理論對於瞭解人與人之間、企業與企業之間的談判，也有極大助益。

定義

透過賽局理論此一方法，可瞭解在面對互相競爭或衝突的目標時，多重參與者會如何決策。譬如，你的企業若正與另一企業進行肉搏戰，影響你定價的不只是顧客願付多少，也包括競爭對手的價格。碰到這類情況，必須發揮「策略」思維；換言之，闖入競爭對手的腦袋，採取行動時，將其可能決策都考慮進來。賽局理論最著名的模式，就屬「囚徒困境」了。試想以下情況：兩名重刑嫌疑犯被警方逮捕，在不同房間接受偵訊。兩人均被個別告知：（a）如果你們**兩者**都坦白，就要各坐十年牢；（b）如果你們當中只有**其一**坦白，那人坐牢一年，另一人則要關二十五年；（c）假使你們**皆不**坦白，就各坐三年牢。

這種賽局如此精心設計，就是要揭露這類「賽局」有多麼棘手。最佳結果固然是囚徒中沒有一人坦白，如此一來每人只需服刑三年。然而，由於彼此沒溝通機

會，對個人來說，最佳決策便是坦白，所以最終結果
（假設兩人皆坦白）是兩人都要入獄十年。換句話說，
最大化個人結果不必然會構成團體的最佳福利。

此模式可做各式各樣的衍生及調整。比方來說，許
多現實生活中的「賽局」其實就是兩造之間反覆互動；
你在這場賽局所採取的行動，會影響到你在下一場賽局
採取的行動。有些賽局牽涉到依序行動，而非同步行
動。有些賽局為「零和」，意味有固定價值可供分配；
其他則是「非零和」，指行動上採取合作，以增加價值。

如何運用

賽局理論牽涉到的數學，是相當有挑戰性的，商場
人士多半沒時間或嗜好把細節一一弄懂。然而，從囚徒
困境分析可得出幾項簡單的經驗法則。

首先，試著釐清你能做的所有選擇，以及另一方
可能做出的所有選擇。在囚徒困境中，每一方都有兩種
選擇（坦白或不坦白），每種選擇的後果都顯而易見。
真實世界中，做任何猜測都要經過深思熟慮。例如，你
可以選擇把新產品定價得「高」或「低」，競爭對手當

然也行，因此你可估計各種情境可能導致的市占率及利潤。這就是所謂的「償付矩陣」。

再來，你可以檢視分析，看看企業是否有「優勢策略」，即具有償付的策略，無論他方選擇為何，此策略的償付仍舊最高。如果你擁有這種優勢策略，當然就應予採用。你也可檢視看看是否有任何「劣勢策略」，即無論他方怎麼做，都顯然相形見絀的策略。這些則可排除。

一般來說，這些步驟可揭示你所面臨的選擇。譬如，倘使你排除一種劣勢策略，有時也意味著優勢策略將呼之欲出。繼續重複這個步驟，直到優勢策略出現，或賽局再也無法簡化為止。碰到後者情況，就得根據任何你認為重要的其他因素，來做出判斷了。

實務訣竅

賽局理論原則簡單、應用廣泛，因此極受歡迎。舉例來說，你可能發現自己與某些同事都在競逐升遷機會，那就同時牽涉到合作與競爭關係了。你或許正在決定，要不要成為推出某新產品的先行者（得承擔失敗風險），或當個快速跟隨者。你也

許在投政府標案，發現面臨好幾位割喉式競爭對手，而不得不在報價或服務上做出棘手抉擇。

不論是上述何種情況，賽局理論的原則都有助於思索，你與競爭對手的選擇會如何彼此互動。正規數學分析基本上是不必要的，通常只要憑簡而易行的償付矩陣，尋找優勢及劣勢策略，便綽綽有餘了。

最大陷阱

有一重點需牢記在心，那就是另一方的分析究竟可能有多縝密。你在計算時若假設另一方具高度策略性，後來才發現其實是頭腦簡單，那麼你有可能吃敗仗。反之亦然，千萬別低估競爭對手有多聰明。以後者情境來看，過去有個著名例子，二○○○年，英國政府為第三代行動通訊執照舉行拍賣。拍賣設計得一絲不苟，僅釋出四張執照，有五名可能投標者。最後一共籌得二二五億英鎊，遠遠超出預期，而對四名「贏家」來說，結果則是付了太多。

延伸閱讀

Dixit, A.k. and Nalebuff, B. (1991) *Thinking Strategically: The competitive edge in business, politics, and everyday life.* New York: W.W. Norton & Company.

Von Neumann, J. and Morgenstern, O. (2007) *Theory of Games and Economic Behavior (60th Anniversary Commemorative Edition).* Princeton, NJ: Princeton University Press.

第四章

創新及創業精神

許多MBA學程都相當注重創新與創業精神。創新是謂善用新點子，即構思商業點子後，進一步發展使之具商業可行性。創業精神是一種相關觀念，定義在於追求機會，不論控制的資源有多少；通常應用於獨立（新創）事業，但也可運用於企業情境。本章將介紹五種至關重要的模式，以助創新者或創業家一臂之力。

此過程的第一步驟，是提出新的商業點子。腦力激盪是一種典型方法，透過團體導向過程，圍繞一共同主題，大量發想點子。近來，應用**設計思考**於創新挑戰的做法也愈來愈受歡迎了。這種途徑揉合直覺與理性的世界觀，十分著重實驗及雛型法。

另外，也有不少縝密的模式，能將大型公司的創新過程結構化。企業多半採取某種創新漏斗或門徑管理流程，篩選出投資前景最為看好的商業點子。透過**情境規劃**的方法則可展望未來，找出新機會領域，再透過這些洞察來決定公司應投資哪些新技術、產品或服務。

對獨立創業家而言，**精實創業**模式於近五年來興起，成為定義、拓展商機的主要思考方式。傳統概念認為，事業計畫須經深思熟慮，反觀精實創業思維則強調嘗試錯誤、檢定假設，原始點子一旦確定行不通，隨即

轉向新機會。

最後，本書會描述兩種舉足輕重的觀念模式，既有及新創公司皆可應用。**破壞式創新**的方法有助於瞭解，為何新創公司能憑某些新技術推翻既有領導者，這類例子在數位媒體界屢見不鮮；亦有既有領導者利用其他新技術穩坐龍頭。**開放式創新**此一方法，則能理解當今常見、日趨網絡化的創新途徑。舉例來說，既有公司不再把研發工作全攬在身上，多半與新創公司合夥，也經常運用「群眾外包」的技巧，以突破傳統邊界、挖掘新觀點。

第十六節
設計思考

　　設計思考是一種創新途徑，融合傳統理性分析及直覺原創性。設計思考重點不在開發聰穎過人的新技術，也不在期許能像阿基米德來個驚奇發現，而是牽涉到在此二思考模式間反覆斟酌。其特色在於實驗及快速雛型法，而非小心翼翼的策略規劃。

使用時機

- 瞭解商場上如何出現創新。
- 開發新產品及服務。
- 創造更強調實驗及創新的企業文化。

緣起

近十年來，設計思考的概念在商場上極受歡迎。其奠基於兩種截然不同的工作體系。一是諾貝爾獎得主赫伯特‧西蒙（Herbert Simon）一九六九年探討「人工智慧」的先鋒著作《人工科學通識》，他寫道：「工程、醫學、商業、建築、繪畫，這些攸關的不是必需，而是權變。他們不談事物本身如何，而談它們能夠如何。簡言之，端靠設計。」另一則是工業設計及設計工程學，設計師試圖創造形式與功能兼具的建築物、市鎮計畫及產品。

一九九〇年代，設計思考也延伸到了商場。工業設計公司IDEO總部位於加州，董事長大衛‧凱利（David Kelley）為率先提倡此方法論的人士之一，後來還創辦了史丹福大學哈索普拉特納設計學院。近來，現任IDEO執行長提姆‧布朗（Tim Brown）、羅特曼管理學院前院長羅傑‧馬丁（Roger Martin）的合著，更將該觀點形式化、發揚光大。

設計思考建立於多種既有管理工具上，如腦力激盪、使用者為主的創新、快速雛型法等，對於結合這類

各形各色的工具，提供了一套方法論。

定義

　　設計思考是一種創新途徑，滿足人們對於可行技術及企業策略的需要。此外，也可視為解決方案為主的創新途徑，試圖解決全面性的目標，而非特定問題。

　　從某些重要方面來說，設計思考有別於既有思考方式。以分析科學方法為例，首先要定義問題所有的參數，以得出解決方案；設計思考則打從一開始，便要對可能解決方案提出觀點。批判性思考涉及「分解」點子，設計思考則關乎「整合」點子。另外，設計思考不用傳統歸納或演繹推理，而是多半與**反繹**推理息息相關。藉此，可假設事情**可能**如何，而非著重在事情**究竟**如何。

　　設計思考對於傳統創新途徑，提出了迥然不同的方法論（如下述）。對於個人的必備特質也有另一番見解。設計思想家必須具備：

- **同理心**：透過他人的眼光看世界；
- **樂觀**：假定世上總有更佳解決方案；

- **實驗精神**：對於嘗試新點子躍躍欲試，即便多半失敗收場也樂此不疲；
- **協同合作**：樂於與他人合作，不邀功。

如何運用

設計思考的應用過程有四步驟：

1. **定義問題**：聽來簡單，但要清楚陳述有待解決的問題，往往煞費心力。比方說倘使你為大學效力，從得到的回饋中發現有些課程評價差；你也許會推斷，問題可能出自於：（a）講師品質差，需重新訓練，或（b）教室設計不良，需加以改裝。然而，若採取設計導向途徑，則會從較大的格局來看問題，首先提問，這些課程的宗旨是什麼。因此，分析重點將轉移到，如何為學生提供高品質教育，這麼一來，可能牽涉到傳統課程要減少，或是線上學習或小組教學可能需增加等。

   而要定義問題，對於需要的是什麼，你必須暫且拋開一己觀點，改採民族誌途徑。舉例來說，觀

察產品或服務的使用者，找出其面臨的問題或議題。另一途徑，則是像個孩子般連珠炮似提問「為什麼？」，直到簡單答案呼之欲出，問題癥結近在眼前。

2. **創造並考慮多種選項**：再有天分的團隊也容易掉入根深柢固的思考模式，常過於匆促找出解決方案。設計思考可迫使你避免走捷徑。無論解決方案看似有多俯拾即是，也必須提出若干選項，深思熟慮。以小組競爭團隊來進行，或精心打造一個高度多元團隊來運作皆可。

3. **雛型、測試、改良**：藉此過程，你通常可獲致幾種前景看好的選項。這些點子愈快提出愈好，一般可運用粗略雛型法，以利大家觀察該點子付諸實踐的可行性有多少。此步驟往往免不了要反覆數次，畢竟你會徬徨不定，思索什麼為可行，什麼為使用者需要。在此過程，原始問題設定有時會顯露出瑕疵，碰到這類情況，就必須回到原點，再來一次。

4. **選擇贏家，付諸執行**：在此時刻，你應信心十足，有把握這個點子切實可行，值得投入大量必

要資源來執行。到此階段，你也應當確信該點子不僅有商業可行性，也具備技術可行性。

實務訣竅

設計思考看待世界的方式與傳統途徑有微妙的不同。上述方法論與人們慣常的方式並非截然不同，所以你要竭盡所能，向設計導向專案的參與者，提醒差異點究竟有哪些。也就是說，首先要投入大量時間，確保問題定義正確；再來，做好準備，步驟得再三反覆，才能找出解決方案。

最大陷阱

有些時候，藉由設計導向的創新途徑，能創造出一流「設計」，廣受使用者愛戴之餘，也具有技術可行性，卻過不了商業可行性測試。這些情況都極難處理。有時，經充分重新設計，或許還能具備商業可行性，但若事與願違，就得選擇放棄。

延伸閱讀

Brown, T. (2014) *Change by Design*. New York: HarperCollins.

Mckim, R.H. (1973) *Experoences in Visual Thinking*. Pacific Grove, CA: Brooks/Cole Publishing.

Mckim, R.L. (2009) *The Design of Business: Why design thinking is the next competitive advantage*. Boston, MA: Harvard Business Press.

Simon, H.A. (1969). *The Sciences of the Artificial,* Vol. 136. Cambridge, MA, MIT Press

第十七節
破壞式創新

　　對大多數產業來說，創新都猶如變革的引擎。然而，對某些產業而言，創新會對既有領導者造成傷害（例如數位影像之於柯達）；對其他產業來說，創新對既有領導者則能助一臂之力（例如隨選視訊之於網飛）。為釐清此難題，克雷・克里斯汀生（Clay Christensen）提出一種創新理論。他主張，部分創新憑某些特性，而具備破壞性；其他創新則擁有持續性。懂得如何區分二者，能帶來極大助益。

使用時機

- 產業歷經變革時，釐清誰是贏家、誰是輸家。
- 瞭解一項創新是威脅，抑或機會。
- 決定你的企業該作何反應。

緣起

過去幾年來，探討創新的學術研究多不勝數。許多人皆以熊彼得（Joseph Schumpeter）「創造性破壞」概念談起，該概念指出，創新過程會帶來新產品及技術，但代價是取代既有事物。舉例來說，隨著個人電腦起飛，生產打字機的企業皆難逃「毀滅」一途。

然而，並非所有創新均會導致創造性破壞，有時對早已占強勢地位的企業來說，還能形成一股支持力量。一九九〇年，基姆・克拉克（Kim Clark）及蕾貝卡・韓德森（Rebecca Henderson）進行了一項研究探討此觀點，認為最危險的創新（從既有企業的觀點來看）為**結構式創新**，會對整體企業系統運作造成改變。

博士論文受基姆・克拉克指導的克雷・克里斯汀生（Clay Christensen）則延續此觀點，進一步主張有些新技術具破壞性，對產業有深遠的影響，但由於興起不久，既有企業遲遲才有所反應。一九九五年，克里斯汀生與喬・鮑爾（Joe Bower）合撰一篇論文，首度發表其觀點；他接著又出版兩本著作，包括一九九七年《創新的兩難：企業面對新科技的掙扎與抉擇》及二〇〇三年與邁可・雷

諾（Michael Raynor）合撰的《創新者的解答：掌握破壞性創新的9大關鍵決策》。

克里斯汀生的破壞式創新觀點向來極受歡迎，除深富洞見之外，隨著一九九五年網際網路興起，在接下來十年，眾多產業都歷經了高度破壞。

定義

破壞式創新是一種有助於創造新興市場的創新。比方來說，隨著數位影像技術問世，開啟了創造、分享、處理照片的新興市場，取代了底片、相機、相片為主的傳統市場。柯達一敗塗地，取而代之的，是創造新提供物的新企業，如Instagram。

相較之下，持續性創新雖不能創造新興市場，卻能促進既有市場提升價值，讓產業內的企業在持續性進步下互相競爭。舉例來說，隨著電子交易來臨，原預期會對銀行業帶來破壞，但實際上反而幫助既有領導者鞏固地位。

透過克里斯汀生的理論，有助於解釋柯達等企業為何未能對數位影像做出有效反應。有人可能認為原因在

於新技術竄起之時，既有領導者未能及時發現；然而這種情況少之又少。就以柯達來說，它不僅充分意識到數位化的威脅，甚至早在一九八〇年代便發明了世上第一台數位相機。

其實，既有企業對於這類破壞式創新通常都有所察覺；只不過，這些創新尚在初期發展階段時，還不至於構成實際上的威脅，且一般來說還遠遠無法滿足市場既有需要。以最早的數位相機為例，解析度奇差無比。對柯達等既有企業而言，優先要務應是聆聽並回應忠實顧客的需要，換言之，應以更審慎巧妙的方式，調整既有產品及服務。

起初，破壞式創新或許只能提供低階品質，但日子一久逐漸進步，最終會變得「夠好」，足以與市場上某些既有提供物直接競爭。以攝影產業來說，在二〇〇〇年代初期面臨變遷，首先數位相機問世，接著早期智慧型手機又內建相機。變遷過程當中，既有企業往往會持續投資新技術，卻沒抱著極度認真的心態，畢竟靠傳統技術仍能大賺一筆。

相形之下，新企業進入市場，竭盡全力投入破壞式創新，通常會挖掘新服務（譬如透過網路分享照片），

漸漸從既有企業搶走市占率。等既有企業充分意識到破壞式創新的威脅時,反應也為時已晚。在二〇〇〇年代期間,柯達花了泰半時間,試圖重新自我定位為影像公司,但由於缺乏變遷能力,難以跳脫舊有經商模式,因此一路上窒礙難行。

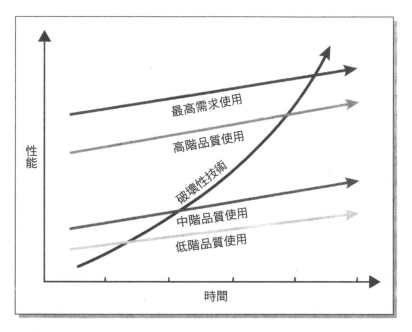

總而言之，破壞式創新傾向於「由下而上」：通常是相當簡單的技術，或新的做事方法，只能滿足低階顧客甚或非顧客的需要，因而備受既有企業忽視。然而，由於進步神速且有目共睹，最終能破壞既有市場。

如何運用

　　顯而易見的是，新創企業熱愛破壞式創新，許多創投業者也確實都積極尋求這類投資機會。更有趣的問題在於，既有企業瞭解了破壞式創新之後，要如何藉以自我保護。基本建議如下：

- **追蹤新興技術：**就多數產業而言，各式各樣的新技術隨時都如雨後春筍般出現；身為現存的企業，就必須加以追蹤。這些技術到了後來可能沒有商業用途，也可能對於提升既有產品或服務有些幫助（引克里斯汀生的話來說，就是所謂**持續性**創新）。不過，也有一些技術帶有破壞式創新的潛力；面對這些技術，你就得密切觀察，不容疏忽。向採用這類技術的小型企業購買股權，提供資金挹注研發，通常是個不

錯的點子。

- **觀察創新的成長軌道**：當你發現有一項創新正在締造新興市場，或鎖定的是低階顧客，就應當觀察它變得有多成功。某些低階創新會困於低階市場，有些則會逐漸成長（譬如受惠於電腦處理速度加快）、向上提升，進而滿足較高階顧客的需要。後者即潛在的破壞式創新。

- **成立另一事業，將破壞式創新商業化**：倘使發現某創新威脅在即，最佳應變方式，就是另外成立一個事業單位，負責將此機會商業化。此事業單位必須得到准許，與其他事業單位競食銷售額，並忽略正常企業程序與規定，方能迅速採取行動。新事業單位由於被賦予充分自主性，有機會採取類似新創公司的行為方式。若能一舉成功，接下來就可思考其活動要如何與企業其他活動做最佳連結。

實務訣竅

既有企業對破壞式創新相當頭疼，主要原因是行為面的，極少是因缺乏必要技術上的技能。普遍來說，問題在於組織內部動態，導致它們無法即時反應。

因此，若擔心破壞式創新會帶來威脅，就必須為企業培養偏執、謙遜等特質。「偏執」意味著，要察覺所有可能傷及事業的技術。「謙遜」則指，除了思考低階顧客的需要，也要想想頂級市場的需要為何。

最大陷阱

破壞式創新的觀念，既舉足輕重，又令人膽戰心驚。但事實上，有為數不少的低階技術到後來其實滯步不前。因此，即便仍要對破壞的可能性提高警覺，也不必假設所有低階創新都能大獲全勝，進而危及你的事業。

延伸閱讀

Christensen, C.M. (1997) *The Innovator's Dilemma: When New Technologies Cause Great Firms to Fail.* Boston, MA: Harvard Business Review Press.

Christensen, C.M. and Bower, J.L. (1996) 'Costomer power, strategic investment, and the failure of leading firms', *Strategic Managemennt Journal*, 17(3):197-218.

Christensen, C.M. and Raynor, M.E. (2003) *The Innovators's Solution.* Boston, MA: Harvard Business Review Press.

Henderson, R. and Clark, C. (1990) 'Architectural innovation: The reconfiguration of existing product technologies and the failure of established firms', *Administrative Science Quarterly,* 35(1):9-30.

Lepore, J. (2014) 'The disuption machine: What the gospel of innovation gets wrong', *The New Yorker*, 23 June.

第十八節
精實創業

　　精實創業是一種構思、發展創投事業的新方法。若說傳統途徑旨在定義事業計畫、募資、執行計畫，那麼精實創業就是反其道而行。精實創業著重早期實驗、迅速顧客回饋，運用最少資本，直到證明一項商業點子可行為止。就創業精神而言，近十年來，精實創業思維已然成為一套主導的思考方式，在科技產業尤其如此。

使用時機

- 協助你成功推展新事業。
- 針對新事業發展的早期階段，提供一種系統化的思考方式。
- 挑戰企業對於事業計畫由上而下的傳統途徑。

緣起

首度使用「精實創業」此一術語的，是二〇〇八年創業家艾瑞克・萊斯（Eric Ries）的同名暢銷書。此書描述了萊斯個人的企業哲學，以及為成敗皆有的新創公司效力的經驗，並依據若干不同來源的觀點來闡述。

其一概念在於，讓顧客參與發展過程，以針對你的觀點迅速獲取回饋。這種途徑也可運用於設計思考（**參見第十六節**）。萊斯這套思考方式承襲自導師史蒂夫・布蘭克（Steve Blank）；布蘭克是一名連續創業家，在史丹福大學擔任兼任教授。布蘭克也坦言，該途徑是奠基於數種較早期的架構，比如莉塔・麥奎斯（Rita McGrath）及伊恩・麥克米蘭（Ian MacMillan）合撰的〈發現導向的規劃〉。

艾瑞克・萊斯根據的另一觀點則是「精實製造」運動，特別是日本戰後興起的豐田生產系統。簡單來說，精實製造為需求導向，即組成產品的各項零件透過及時供應鏈提供。萊斯調整此觀念應用於新創界，主張創業家要提高成功機率，就應小規模起步，唯有需求開始上揚，才逐步擴大營運。

定義

　　精實創業對於成功的新創事業如何興起，提供一套全面性觀點。過去許多新事業在推展時，都會依循一系列精心準備的計畫，並挹注大量前期投資。這類事業有時會大舉成功（譬如亞馬遜），但多半情況是失敗收場，原因在於計畫假設不正確，或是產品或服務準備上市前，市場有了新發展。因此，有愈來愈多創業者改採較反覆式的模式，藉較低風險的方式嘗試點子，取得顧客回饋，隨即調整商業模式，以滿足市場的新興需要。

　　精實創業模式之所以成功，一來是擷取了大多創業者運作方法的精髓，二來是提供一套工具，將直覺上行得通的途徑，化為一種營運模式。這套工具影響力與日俱增，就連付諸實踐的既有事業也漸漸增加。

　　精實創業途徑的特色，展現於三種基本原則：

- 普遍而言，創業者不追求計畫。他們有遠大的願景，如想創造某種產品形象，或想解決某種問題；對於如何把願景化為現實，能夠有大略的假設。

- 要測試這些假設，就得「走出門外」，花時間

與潛在顧客交談，瞭解其真正關注的重點是什麼。此方法透過多次反覆，最能發揮得淋漓盡致；打個比方，創造一種簡單的雛型（或「最低可行產品」），讓使用者測試並提供回饋，如此一來，便可趁成本仍低時，解決任何問題。

- 隨時準備好按顧客回饋調整，是一種優勢，而非劣勢。有些著名的創新者，比如賈伯斯等，為實現自我願景，確實是固執己見，不論他人回饋如何，最後獲致成功；然而一般來說，聰明途徑是從回饋中學習，並做好心理建設，倘使A計畫行不通，就要把事業「轉向」B計畫。

如何運用

精實創業哲學可輕易轉化為一套實用工具。確實，這套哲學能深受歡迎，其一原因在於創業者在發展新事業時，可運用科學觀念，將各種複雜問題及不確定性一一迎刃而解。至於如何運用，可簡述為下列五步驟計畫：

1. **擬定願景**：創業者對於自己想創造什麼，應能全盤清楚掌握，譬如市場上有哪些需要未被滿足，

或有任何問題或令人失望之處亟待解決。

2. **化願景為特定假設**：舉例來說，整體上的願景若是提供高檔美食外送服務，對象為都會專業人士，便可針對各種商業模式面向列出假設，如顧客需求（人們為購買高檔美食，願意付高於標準宅配服務百分之五十的溢價）、營運方式（既然服務的是都會市場，我們可在兩小時內完成高檔佳餚料理及外送）等。

3. **著手測試假設（以逐步化解計畫中的不確定性）：** 關鍵觀念在於「最低可行產品」，開發這種提供物只要足供測試假設即可。知名例子之一即設計師服飾租賃網「出租伸展台」，由兩名哈佛商學院畢業生創立。他們借來一系列洋裝，讓學生試穿並出租。接著，說服人們在未經試穿就租下洋裝。再來，他們讓人們僅僅根據網站上的照片，就租下衣服。透過一連串實驗，將商業點子裡最大的不確定性逐漸化解。

4. **邊學邊調整**：當一項假設獲得支持，便可朝下一假設邁進，逐步擴大事業規模。然而，一項假設若**未能**得到支持，你就得仔細斟酌了。有些時候

你可能稍微改變方式，重新測試假設，還能堅持下去；但其他時候就得做好心理準備，「轉向」不同產品、不同區隔，或乾脆換個不同的商業模式。許多極為成功的事業，都是從迴然不同的地方起步：推特以播客事業起家，YouTube最初則以提供視訊交友服務問世。

5. **擴大規模**：創投公司面臨的主要不確定性全部一一化解之後，便達到艾瑞克‧萊斯所謂的「產品與市場適配」，可以準備擴大事業規模了。

到此階段，你只花了最低限度的金錢來測試點子，但接下來（如果你選擇這麼做），該是向外部投資人募資的時候了。也是時候找對團隊成員，來管理事業不同區塊了。

實務訣竅

從兩方面來說，精實創業都是相當實用的模式。有些人運用的方式是近乎隱喻的，拿來形容自己如何從零開始，一路不斷調整，避免外部資金來源。其他人的方法則極具分析性，當作是一種嚴謹

途徑，來化解市場上面臨的關鍵不確定性。這種方式最能發揮其實用性。進入測試階段前，假設定義得愈明確，在解讀顧客回饋時便能更有把握。此外，運用一連串小型實驗，會比同時採行多重變革來得有效。對於嘗試新商業點子的既有公司來説，這種途徑也同樣有幫助。

最大陷阱

精實創業往往被捧為開發新商業點子的「最佳辦法」，但它跟所有模式一樣都有其限制。以企業對消費者的新創公司來説，由於能以小規模、低風險的方式多方嘗試，因此效果最佳。換作是企業對企業情境，由於販售的是大型設備或服務，唯有「放手一搏」，因而又不這麼管用了。對於求新求變的市場也並非最佳模式。亞馬遜早期的座右銘是「火速擴張」；若當初採取創投公司賴以發展的精實創業途徑，很可能早就輸給更強勢的競爭對手了。

換言之，在不合適之處運用精實創業思維，便是最大陷阱所在。

延伸閱讀

https://steveblank.com

Blank, S. (2013) 'why the lean startup changes everything' *Harvard Business Review,* 91(5): 63-72.

Eisenmann, T., Ries, E. and Dillard, S. (2013) 'Hypothesis-driven entrepreneurship: The lean startup', *Harvard Business School Case Collection*, 9: 812-895.

Rise, E. (2011) *The Lean Startup: How Today's Entrepreneurs Use Continuous Innovation to Create Radically Successful Business.* New York, NY: Crown Publishing Group.

第十九節
開放式創新

　　長久以來，企業多半視創新是高度專利的活動，視開發專案為機密，三天兩頭申請專利，以保護其智慧財產。如今，「開放式創新」則在業界流行開來，即突破企業邊界，尋求外部點子及人士，以求對開發新產品及技術有所助益，同時也選擇性與第三方分享自身技術。

使用時機

- 幫助你更快開發新產品及服務。
- 從企業外部挖掘機會與點子。
- 將用不著的點子及智慧財產商業化。

緣起

無異於眾多熱門的觀點，開放式創新的觀念看似十分現代，其實淵源已久。舉一早期著名例子來說，一七一四年英國政府創辦知名的經度獎，獎勵提出海上船隻經度測量方法的發明者。最後，該獎由沒沒無聞的鐘錶匠約翰·哈里森（John Harrison）奪得，他發明了世上第一台可靠的航海用精密計時器。英國政府並未雇請聰明絕頂的工程師來解決問題，而是把問題開放給大眾，結果皆大歡喜。

大型企業設立正式研發實驗室，歷來約有百年之久，這些實驗室對於外部點子，皆懷有一定程度的開放態度。然而，在一九八〇及一九九〇年代期間，這種途徑大幅轉變，一來是科學知識產量在此年代呈指數增長，二來是網際網路興起，遠距分享變得輕而易舉。這段期間，企業實驗各種前所未有的創新途徑，包括企業創投、與競爭對手建立策略聯盟、技術引進授權、創新競爭、創新腦力激盪等。

二〇〇三年，柏克萊教授亨利·伽斯柏（Henry William Chesbrough）在著作《開放式創新》中，提出

一種揉合各種模式的實用方法，從此為開放式創新開啟一扇研究大門，探索角度五花八門，實務及理論兼而有之。開放式創新途徑不斷推陳出新。舉例來說，近來有一種觀點稱為「群眾募資」，即個人為從事冒險型創業，可透過線上平台，向支持的「群眾」尋求資金。

定義

身處在知識廣為散布的當今世界，公司必須想方設法善用知識，方能憑創新超越競爭對手。而要達此目標，可採取的機制不一而足，包括收購、合資、聯盟、引進授權，較新近的創新則如群眾外包、群眾募資等。公司也必須運用外部夥伴，促進點子商業化，比如採取對外授權，或設立衍生創投公司。

換句話說，開放式創新策略的基礎在於，藉由與外部夥伴建立關係網絡、合作無間，開發別開生面的創新產品及服務。然而，有一點必須釐清，採此途徑的前提是，思惟及管理途徑都必須大幅轉變，畢竟公司與他人合夥開發的創新，鮮少具有排他性的智慧財產權。在過去崇尚傳統「封閉式創新」的世界，公司尚可保護智慧

財產，創造競爭優勢；在現今「開放式創新」的世界，最擅長合作或最快抓住新機會的公司，往往才具有競爭優勢。

如今，大型公司多半抱持開放式創新原則，而投入資訊科技、生命科學等高科技產業的大型公司尤其如此。導致此趨勢的因素不一，如世上的科學知識量呈指數增長，外部夥伴、創投資金唾手可得，以及可輕易藉網絡媒介平台分享點子等。

如何運用

開放式創新是一種高階觀念，可透過若干不同工具及方法論來發揮。試舉幾例較受歡迎的方法：

- **顧客沉浸**：與顧客、潛在顧客密切合作，例如將其回饋反映在新產品提議上，或讓他們親身參與新產品設計。

- **群眾募資**：個人可透過平台（如美國群眾募資平台Kickstarter），提出欲付諸實行的點子，讓其他個人、企業能挹注種子基金，作為起步。以此情況來說，過程中的「開放性」是指

取得金錢，而非取得人力或技術。

- **創意競賽**：邀請眾多人士（來自企業內部及外部）共同競賽，以激盪出別出心裁的點子。有些時候會以線上論壇的形式舉行，譬如IBM的「創新腦力激盪」便遠近馳名；有時則舉辦須親臨現場的「商展」，讓人們向同事推銷其點子。透過這類模式，公司不需耗費大量成本，即可獲得為數可觀的創新點子。

- **創新網絡**：許多公司都試圖設立創新網絡，獲得外界源源不絕的專家經驗。以資訊科技產業為例，軟體開發者會受邀加入開發者網絡，以協力找出、解決問題，且通常能得到財務性報酬。樂高即與領先使用者社群建立一種平行模式，在新產品上市前，讓他們參與設計及改良。

- **產品平台**：公司將部分完成的產品或平台，交由貢獻者增加額外應用或特性。開發過程中，由於能帶來各形各色的觀點及技能，這些貢獻者為平台增添的功能性及吸引力，經常是公司出乎意料的。

以上並未涵蓋所有途徑。還有許多沒著墨的開放式創新途徑，同樣深獲好評，例如引進授權、企業創投、策略聯盟等。再加上開放式創新的途徑日新又新，就更別提了。

　　思惟上進行關鍵轉變，是開放式創新的成功要件，畢竟企業不再像過去那般能夠擁有或控制既有點子。當然，對於一些產業而言，專利仍十分重要，如製藥業等。然而，對愈來愈多的產業來說，潛在技術不僅在企業之間分享，甚至以公眾授權的方式，讓人人皆可取得（如維基百科或Linux的內容）。以這類情況而言，企業創造商業價值的方法，或透過技術上市速度，或以嶄新方式結合可自由取得的技術，或販賣開放式技術之餘，同時也銷售專利服務。

　　思惟上還必須有另一層改變，既然從外部來源挖掘點子，就別想霸占自己的點子，不公開分享。在開放式創新環境下工作，人與人之間必須互信互

惠；顯然想留一手的態度，不消多久，便會被來往的人識破。

最大陷阱

　　許多企業都實驗過開放式創新的觀念，藉由建立某種創意發想計畫，讓企業內部人員（有時也有外部分子）提出改進建議。過程當中，可能犯下兩種重大錯誤。其一，提出高度開放式的問題如「我們企業的工作環境要如何變得更好？」這只會觸發五花八門、天馬行空的點子，例如食堂給的沙拉應更多，或該設立寵物照護中心等。你務必確保提出的問題能切實鎖定目標，以獲得相關、實用的答案。第二種陷阱則是，設立一個創意發想計畫，卻缺乏必要資源，對於大家所提的點子，無以有效審閱、篩選、採取行動。若無這些資源，計畫往往流於漫無邊際，各種點子不了了之，最終引致參與者失望透頂、冷嘲熱諷。

延伸閱讀

Chesbrough, H.W. (2003) *Open Innovation: The new imperative for creating and profiting from technology.* Boston, MA: Harvard business Press.

Chesbrough, H.W., Vanhaverbeke, W. and West, J. (eds) (2006) *Open Innovation: Researching a new paradigm.* Oxford, UK: Oxford University Press.

West, J. and Bogers, M (2013) 'Leveraging external sources of innovation: A review of research on open innovation', *Journal of Product Innovation Management*, 31(4): 814-831.

第二十節
情境規劃

　　情境規劃這種方法論，能瞭解企業環境的長期變革（如政治變遷或新技術）會如何影響企業的競爭定位，以期未雨綢繆。

使用時機

- 有助於瞭解商場如何變化。
- 找出特定威脅及機會。
- 調整策略，無論未來發生什麼事，總是有備無患。

緣起

　　發明情境規劃的，是石油公司荷蘭皇家殼牌集團。該觀點緣起於軍事世界。二次大戰後，蘭德公司赫曼・卡恩（Herman Kahn）所領導的團體也開始發展「情境」，以因應未來可能發生之衝突。到一九六〇年代晚期，他的觀點為殼牌團隊所沿用，團隊領導人是泰德・紐蘭德（Ted Newland）及皮耶・魏克（Pierre Wack）。

　　來到一九七二年，情境規劃團隊共擘畫六種情境，聚焦於油價及石油生產商、消費者、國家政府等未來可能行為。藉由看到這些情境，殼牌的高階管理部門得以預料比如萬一油價暴漲，世界面貌可能如何變化。因此，他們在全面策略規劃流程中，即以運用情境規劃為主。

　　一九七三年，隨著中東成立石油輸出國家組織，油價劇漲，爆發了第一次石油危機。對此狀況，殼牌早已有所預警，而競爭對手則無一做好準備。透過該事件，情境規劃的優勢不脛而走，這套方法論隨即為眾多大型公司採用。

定義

預測未來一向極具挑戰性。觀察重大趨勢（如人口增加或石油儲量減少）然後從中推斷，固然是一種途徑。然而，趨勢有時會出現重大中斷（譬如新的鑽油技術問世，或中國爆發政治革命），甚或不同趨勢間產生複雜互動，都是此途徑未能預知的。

情境規劃則能克服這些不確定性，因它並不諱言未來的確有很多種可能性。既然是一種聰明絕頂的規劃途徑，就不會假設這世界在未來十年內會按一特定方式運作。反之，它會找出兩三種可能情境，檢視個別潛在的假設。藉此，企業能做出正確的投資。以殼牌這類公司為例，就必須時時警惕石油儲量可能有枯竭的一天，這也許意味著，投資風力或生物燃料等替代能源會是明智之舉。

有效的情境規劃流程不僅能擘畫未來世界的可能樣貌，還能幫助企業形塑策略決策，進而決定何種創新專案應列為優先。

如何運用

以殼牌等若干企業來說，情境規劃團隊都極為縝密，情境發展流程可能動輒數月。然而，情境規劃不見得都要大費周章。或許短則幾天，即可發展出一套情境。以下為幾種常見步驟。

蒐集資訊，掌握世界如何改變

世上有不少「未來學家」，透過寫書或講課探討形塑世界的重大趨勢。這些趨勢可做以下實用分類：

- **政治因素**：戰爭、政府變革、民族主義高漲。
- **經濟因素**：自由貿易區、貨幣波動、衰退。
- **社會及人口統計因素**：人口老化、對隱私的態度、消費主義。
- **技術因素**：3D運算、行動科技、無人駕駛汽車。

情境規劃的首要任務，是盡可能針對這些趨勢蒐集大量資訊，進而思考這些趨勢與你的產業有何相關。集結一群同事來腦力激盪，思忖這些趨勢的可能走向，通常會相當實用，且有助於你瞭解其次級後果。

將趨勢分為兩類

從分析這些趨勢、思考它們之間如何互動，便能領會到，並非凡事皆可預料。比如說，貿易逆差增加，或許會引發經濟衰退，繼而導致失業、降低國內生產。因此，建議將討論結果分為兩類：

- 預定因素：可預知即將發生的事物。例如，對已開發國家來說，未來人口老化是預料中的事。
- 不確定性：也許會發生的事物。對於中國會否維持穩定狀態、無人駕駛汽車能否廣為接受，無人敢百分百確定。

挖掘並描述情境

規劃策略時，預定因素固然應納入考量，但並非情境發展流程下一步驟的關鍵，可暫且撇開一旁。因此，請聚焦在所歸納出來的不確定性上，再根據產業未來發展，從清單上找出看似最關鍵的項目。舉例來說，假設你從事資訊科技產業，人們採用新技術的程度，就是一種關鍵不確定性，而營運所在國家的權力持續集中化程度，或許是另一關鍵不確定性（見下圖）。

將這兩種最關鍵的不確定性置入二乘二矩陣，便可找出四種可能情境。這些情境除須個別命名（參見下列假設的例子）之外，也要逐一簡述，其對於你的產業、尤其企業而言有何意涵。

	零星採行的新技術	廣泛採行的新技術
社會上 權力持續 集中化	回到未來	開明權威
社會上 權力 去集中化	若干機會	人民力量

將情境應用於策略規劃流程

　　就許多面向而言，情境都相當實用。首先，與企業高階主管等利害關係人探討未來時，情境都是很好的切入點。普遍來說，人們心裡多半有個「預設」的未來，

與矩陣某格內容不謀而合，藉由暴露在替代情境下，更能意識到自己的假設為何。

再者，情境應以較正式的方法來進行，以確保對未來做出正確決策。試舉一例，對殼牌來說，其中一種情境或許是，未來所有石油儲量，均由開採石油的國家政府所有。若此，殼牌無法自有石油儲量，而必須轉型為科技專家知識的提供者，服務如委內瑞拉、奈及利亞等國。殼牌或許必須大幅改變策略，投資的能力組合也得與現今有些不同。

實務訣竅

情境規劃流程最難之處，在於找出企業環境中的關鍵不確定性。列出一長串趨勢相對容易，但真正重要的步驟，是要釐清其中有哪些趨勢，不僅是決定產業未來成功與否的關鍵，且具備高度不確定性。因此，使用上述流程時，務必確保預留足夠時間，一一試探各式各樣的替代方案，如此一來，最後構思出來的情境，才最具啟迪作用。

最大陷阱

情境規劃要發揮成效，就要適切整合到組織高層的決策流程中。儘管有不少企業都戰戰兢兢演練過情境規劃，結果卻被高階主管不屑一顧。

延伸閱讀

Schoemaker, P.J.H. (1995) 'Scenario planning: A tool for strategic thinking',*Sloan Management Review,* 36(2): 25-40.

Schwartz, P. (1996) *The Art of the Long View: Paths to strategic insight for yourself and your company.* London: Random House.

Wack, P. (1985) ' Scenarios: Shooting the rapids – how medium-term analysis illuminated the power of scenarios for Shell management', *Harvard Business Review*, 63(6): 139-150.

第五章

財務

財務提供一套共通語言及工具，增進管理者及資本持有者之間互相瞭解。管理者需要可及資金來提升事業成長，對於採行的財務形式，必須做出艱難抉擇。凡是事業主（無論是公共股東或私募基金）都冀求提供的資金能帶來報酬，並清楚瞭解所涉風險。

　　這本書涵蓋的主題當中，財務領域由於專業術語繁多，也許最讓人感到眼花撩亂。然而，一旦你開始研讀這一章便會發現，要大抵掌握財務，其實只需基本算術，至少在此階段是如此。另外，學習如何**解讀**財務分析結果，起碼跟知道哪些數字該加總或相乘，可說是同等重要的。

　　對企業管理者來說，必須解決的中心問題是，企業為取得資金，目前必須付出多少代價（即「資金成本」），畢竟這與投資人期望的報酬率種類是息息相關的，也攸關他們應投資哪幾種項目。藉由計算企業的**加權平均資金成本**，能夠判斷企業應付多少給股東及債權人。股東（權益成本）及債權人（債務成本）的預期報酬率，都會納入計算。對企業的權益持有人而言，估計預期報酬率時，**資本資產定價模式**是最廣為使用的方法。針對部署投資人資金做出最佳決策，是資深管理者

肩負的重責大任，也是**資本預算**一節的重點；該節羅列了各種評估投資選項的模式。

　　換成投資人的角度，**比率分析**則是一種重要工具，一來能看懂公司的財務報表，二來能與其競爭對手的績效及財務狀況相比較。此外，也有若干模式及工具可用來**評價企業**，對於打算收購或出售事業的投資人及管理者來說，都相當實用。

第二十一節
資本資產定價模式

　　透過資本資產定價模式（以簡稱「CAPM」廣為人知），能估計企業股票的預期報酬率。現行無風險利率、股票交易紀錄，以及投資人期望從持有股份獲得多少報酬率，都要納入計算。

使用時機

- 可估計購買公司股份等證券時，應付多少價格。
- 瞭解投資人對於風險與報酬的取捨。

緣起

　　威廉・夏普（William Sharpe）發明了資本資產定

價模式。一九六〇年，為探究博士論文主題，夏普向「現代投資組合理論」開創者哈利・馬可維茲（Harry Markowitz）毛遂自薦。決定研究投資組合理論的他，先是發展出一套新穎思考方式評估個人證券的風險性，後來總算找出一種辦法來估計這類資產價值。這就是日後著名的資本資產定價模式，為整體金融界帶來舉足輕重的影響，對投資專家或企業財務長均有重大影響。一九九〇年，夏普與馬可維茲、默頓・米勒（Merton Miller）一同榮獲諾貝爾經濟學獎。

定義

投資人會希望根據金錢的時間價值及所冒風險，來賺取報酬。資本資產定價模式的公式，把這兩項都考慮進去了。第一，無風險利率（簡稱「R_f」）代表金錢的時間價值。這種報酬率純粹是透過購買無風險資產所獲，譬如美國十年期政府債券的當期收益率。第二，估計資產的風險概況時，會依據其歷史報酬率偏離於市場報酬率的程度。假設市場的貝他係數（β_a）為 1.0，某一資產的報酬率與市場相符（如大型多角化公司的股

份），其貝他係數趨近於 1.0。相比之下，一項資產的報酬率若波動幅度較大（如高科技股），其貝他係數便高於 1.0。防禦性股票（如支付股利的公用事業）的貝他係數則可能低於 1.0，換言之，其股份的風險低於整體市場。

夏普發明一種簡單的公式，將這些觀點全串起來：

$$R_a = R_f + \beta_a \left(R_m - R_f \right)$$

代表意涵：

　　R_a = 資產的必要報酬率。

　　R_f = 無風險利率。

　　β_a = 資產的貝他係數。

　　R_m = 預期市場報酬率。

根據資本資產定價模式，股票的預期報酬率，是無風險利率（R_f）與風險溢價（$\beta_a (R_m - R_f)$）的加總。風險溢價則為證券貝他係數與市場超額報酬的乘積。舉個簡單例子。假設無風險報酬率為 3%（美國十年期政府債券的當期收益率通常為此）。股票的貝他係數若為 2.0（如科技股），這期間的預期市場報酬率為 6%，那麼，股票的預期報酬率為 9.0%，計算方式如下：3% ＋ 2.0

（6.0% － 3.0%）。

從此例能清楚看到，「貝他係數」作為某特定股票的風險指標，在此模式扮演了關鍵角色。無論分析何種股票，都不脫無風險利率及市場報酬率的範疇。

如何運用

估計無風險利率十分簡單，畢竟美國十年期政府債券的當期收益率，可謂呼之欲出。市場報酬率由於起伏無可預測，在估計上挑戰性較高。歷來的市場報酬率，平均落在5%至7%之間，但有時也會大幅走高或走低。舉例來說，當期的美國十年期政府債券殖利率若為2.6%，那麼市場的超額報酬會在2.4%至4.4%之間。

股票的貝他係數，可至彭博社等各大財經網站查詢。想靠自己計算貝他係數也行，只要運用試算表程式，下載某股近二或五年間的週線或月線、「市場」相應數據即可，後者通常指標準普爾五百指數。

實務訣竅

　　資本資產定價模式已然成為主流的現代金融理論，藉此做投資選擇的投資人不勝枚舉。模式簡單、結果簡潔明瞭，固然吸引力十足，但也可能形成一種安全感的錯覺。

　　你若是投資人，最為重要的實務訣竅，首先是瞭解資本資產定價模式，才能理解證券一般如何定價；再來，則是要認清該模式仍有其限制。請記住，一支股票的貝他係數是由歷史波動率來定義，因此，無論該股未來波動率將高或低於歷史波動率，若能培養出一套自己的觀點，預測股價時也許能更加精準。以奇異公司的股票為例，在一九九〇年代，其盈餘成長具高度可預測性，因此在市場上一路領先，而到了二〇〇〇年代初，其盈餘波動變大。要是把奇異公司一九九〇年代的貝他係數作為預測其股票未來走勢的單一指標，過了二〇〇〇年，你可要荷包大失血了。

最大陷阱

　　資本資產定價模式是否當真管用？就像許多商場上的理論一樣，或多或少有用；然而，針對個股價值多少，尚有許多面向未能解釋。學術研究結果也眾說紛紜。以尤金・法瑪（Eugene Fama）及肯尼斯・法蘭西（Kenneth French）的研究為例，他們探討了一九六三至一九九〇年間的美股報酬率，發現在估計股票報酬率時，除了貝他係數之外，至少還要考量另二因素：企業規模或大或小、企業帳面市值比或高或低。貝他係數和股價之間的關係，若短期來看，或許不那麼站得住腳。

延伸閱讀

Black, F., Jensen, M.C. and Scholes, M. (1972) 'The capital asset pricing model: Some empirical tests', in Jensen, M. (ed.), *Studies in the Theory of Capital Markets* (pp. 79-121). New York: Praeger Publishers.

Fama, E.F. and French, K.R. (2004) 'The capital asset pricing model: Theory and evidence', *Journal of Economic Perspectives*, 18(3): 25-46.

Sharpe, W.F. (1964) 'Capital asset prices: A theory of market equilibrium under conditions of risk', *Journal of Finance*, 19(3): 425-442.

第二十二節
資本預算

企業會憑藉一種稱作「資本預算」的流程，來選擇最佳長期投資方案。一般來說，重大投資都充滿著不確定性，而透過實用的資本預算技巧，能降低不確定性，並釐清可能的投資報酬率。其技巧不可勝數，各有利弊。

使用時機

- 決定企業是否應從事某項資本投資。
- 評估若干潛在項目的相對吸引力。

緣起

打從人類開始農作，資本預算工具便誕生了。歷史學家海歇爾罕姆（Fritz Heichelheim）相信，早在西元前五千年左右，糧食生產即運用資本預算的概念了。他指出：

> 紅棗、橄欖、無花果、堅果或穀物種子，或許是以出租的方式……供農奴、貧苦農人及眷屬來耕種，可想而知，收成得按增加比例以實物償付；牲畜同樣以固定時限出租，再根據生下的幼畜，按固定百分比作為貸款償付。

依文獻記載，史上最早的利率，功能類似於折現率，出現在青銅器時代美索不達米亞，以當時貨幣單位來說，每借一個米納，月息一個錫克爾（即六十分之一），年利率為百分之二十。

這些年來，資本預算技巧顯然縝密得多，但仍不脫「金錢的時間價值」一簡單原則。

定義

企業必然有重大資本支出，例如購買或翻新設備、建蓋新工廠或購買不動產等，目的在於擴張店數，打響招牌名號。這類項目須投入龐大支出，即所謂的**資本**支出（有別於日常成本，即**營業**支出）。

資本預算的潛在邏輯相當直截了當：針對考慮中的特定項目，估計其所有的未來現金流量（收入及支出），並推算所有現金流量的折現現值，以釐清該項目能獲利多少。

企業採取的資本預算技巧主要有三：

- **還本期間**：某項目須多長一段時間方能還本。
- **淨現值（NPV）**：與項目相關的所有未來現金流量淨值，且為折現現值。
- **內部報酬率（IRR）**：報酬率作為一種百分比，項目淨現值設為零。

顯而易見的是，這些不同概念皆圍繞同一主題。以下會闡述個別的運用方式。從理論觀點來看，淨現值是最佳途徑。然而，內部報酬率及還本期間直觀上引人入勝、簡單易懂，為大多數企業採用。

如何運用

這三種資本預算決策法則，性質還是稍有不同，透過例子最能掌握個別優劣之處。假設管理者必須抉擇工廠機器該翻新，還是該採購新機。翻新（十萬美金）成本低於採購新機（二十萬美金），但採購新機可帶來較高現金流量。

還本期間

以下為五年期比較：

期間	0	1	2	3	4	5
翻新	(100,000)	50,000	50,000	30,000	20,000	10,000
採購新機	(200,000)	30,000	100,000	70,000	70,000	70,000

若打算以還本期間作為決策法則，便不難看出，管理者應選擇翻新機器，畢竟這項投資還本期間僅兩年。採購新機則需三年方能還本。以評估資本投資而言，還本雖非臻至完美的技巧，但簡單明瞭、便於計算，頗為實用。

淨現值（NPV）

假設某事業折現率為百分之十。透過淨現值的方法，可就個別期間計算折現因子，並針對相應因素算出現金流量折現：

期間	0	1	2	3	4	5	淨現值
翻新	(100,000)	45,455	41,322	22,539	13,660	6,209	29,186
採購新機	(200,000)	27,273	82,645	52,592	47,811	43,464	53,785
折現因子	1.000	0.909	0.826	0.751	0.683	0.621	

淨現值為投資及所有未來現金流量的加總，折現率為百分之十。根據這項淨現值分析，管理者應採購新機，因為以五年期而言，這項投資能帶來較高的淨現值。此外，也顯示還本分析仍有不足之處：未來現金流量及折現率皆未納入衡量。

內部報酬率（IRR）

內部報酬率假設淨現值為零，能估計現金流量的折現率。由於計算容易，且只會得出單一數字，內部報酬率的概念十分吸引人。以下就以同樣例子，計算內部報酬率：

期間	0	1	2	3	4	5	內部報酬率
翻新	(100,000)	50,000	50,000	30,000	20,000	10,000	24%
採購新機	(200,000)	30,000	100,000	70,000	70,000	70,000	19%

有別於淨現值方法，內部報酬率算出的結果，是管理者應翻新機器。此二方法均較還本期間設計精良，得出結果卻可能大異其趣？

沒錯，差別在於現金流量的**時機**。請注意，直到第三年後才有大量現金流入，而對於延遲的現金流量，便以提高利率作為懲罰。而前述建議「翻新」的例子當中，第一至第二年出現最大現金流入。因此，倘若現金流量調換過來，第一年與第五年交換，第二年與第四年交換，總額不改，結果如下：

期間	0	1	2	3	4	5	內部報酬率
翻新	(100,000)	10,000	20,000	30,000	50,000	50,000	14%
採購新機	(200,000)	70,000	70,000	70,000	100,000	30,000	22%

這下你會發現，按照內部報酬率分析結果，「採購新機」才是明智之舉。以淨現值分析的觀點來看，現金

流量顛倒過來，依舊顯示「採購新機」方為上策（折現率為百分之十）：

期間	0	1	2	3	4	5	淨現值
翻新	(100,000)	9,091	16,529	22,539	34,151	31,046	13,356
採購新機	(200,000)	63,636	57,851	52,592	68,301	18,628	61,009
折現因子	1.000	0.909	0.826	0.751	0.683	0.621	

實務訣竅

這三種技巧之中，還本期間準確度最低，除非取回資金是十萬火急之要務，否則不建議採用。

至於其餘二者，技術面來說，淨現值較為準確；內部報酬率則就特定項目，提供直覺式一目瞭然的單一數字，因此極具吸引力。不過，誠如上述例子所示，多認識不同技巧，瞭解其假設的精微之處，助益極大。

最大陷阱

務必謹記，現金流量投資的利率並非維持一致。根據淨現值及內部報酬率假設，任何收到的現金流量，均以同樣利率再投資。所以，上述兩種內部報酬率分析，前者假設現金流量經再投資，還能在剩下每年均享複利24%。以實務上來說，獲取的現金流量不見得會以同利率再投資，畢竟還得用在償付貸款等支出，或投資其他項目（報酬率是否相同就不得而知了）。

延伸閱讀

Berk, J. and DeMarzo, P. (2013) *Corporate Finance: The Core*, 3rd edition. Harlow, UK: Pearson.

Heichelheim, F.M. and Stevens, J. (1958) *An Ancient Economic History: From the Palaeolithic age to the migrations of Germanic, Slavic and Arabic nations*, Vol.1. Browse online at www.questia.com

第二十三節
比率分析

　　一間企業營運順遂與否、是否為產業領導者、能否履行債務擔保，該從何判斷？比率分析是一種財務報表分析形式，能迅速嗅出企業在若干關鍵領域的財務績效。

使用時機

- 將企業的財務績效與產業平均值相比較。
- 觀察企業在特定領域的績效如何隨時間變化。
- 評估企業的財務可行性：能否償付債務。

緣起

　　財務報表分析的案例，最早可追溯到十九世紀後半葉的美國工業化。在該年代，銀行逐漸意識到借錢給可能無法償還貸款的公司風險甚大，因此開始研擬各種技巧，分析潛在債權人的財務報表。

　　銀行憑藉這些技巧建立簡單的經驗法則，來判斷是否發放貸款。舉例來說，一八九〇年代出現了企業流動資產與其流動負債相比較（又稱「流動比率」）的概念。隨著時間推移，這類方法不僅比以往縝密，如今分析師追蹤的比率，更是達數十多種。

定義

　　財務比率主要可分為四大類。以智慧型手機產業為例，以下為三間全球企業的財務結果：

	A 企業	B 企業	C 企業
銷貨淨額	217,462	170,910	17,497
銷售成本	130,934	106,606	10,138
毛利率	86,528	64,304	7,359
淨所得（損）	28,978	37,037	(1,017)
總股東權益	142,649	123,549	9,169
應收帳款淨額	23,761	13,102	3,994
應付帳款	1,002	22,367	2,536
存貨	18,195	1,764	1,107
土地及建築物	71,789	3,309	779
約當現金	57,751	146,761	5,061
總資產	203,562	207,000	34,681

　　根據這些概略數字，不難看出 A 企業銷售額最高，B 企業淨所得最高（其他部分數字在市場上也呈現領先），而 C 企業相對於銷售額的存貨量為最低。要比較不同企業的結果，就必須制定一套通用、標準化的比率。主要有四大類比率：

　　1. 永續獲利：你的企業在特定期間的績效如何？財務資源是否充足，能持續服務顧客，始終如一？

實用比率如：銷售成長（當期銷售額／前期銷售額）、資產報酬（淨利潤／總資產）、權益報酬（淨利潤／股東權益）。

2. **營運效率**：你是否能有效運用資產、管理負債？透過這些比率，能比較多重期間的績效。例子包括：存貨週轉率（銷售額／存貨成本）、應收帳款週轉天數（應收帳款／〔銷售額／365〕）、應付帳款週轉天數（應付帳款／〔銷貨成本／365〕）。

3. **流動性**：你的企業是否有充分、持續的現金流量維持正常營運？這是判斷財務健全度的重要指標。關鍵比率包括：流動比率（流動資產／流動負債）、速動比率（現金＋有價證券＋應收帳款／流動負債）。

4. **槓桿（又稱為槓桿倍數）**：你的企業運用借款程度及其風險層級為何？貸款人通常藉此資訊來評斷一間企業償還債務的能力。例如：負債權益比（負債／權益）、利息保障倍數（息前稅前盈餘／利息費用）。

以上為商業實務所運用的幾種標準比率，可作為指

導原則。不過，在進行特定決策、擬定策略時，光靠這些比率，不見得能提供充分的必要資訊：你也可以自行創造一套比率及指標，凡認為攸關企業且意義重大的項目皆可納入。

如何運用

藉由比較某項或某組數字與特定數字之間的比率，趨勢便能一目了然。只要根據下表數據，便能整理出下列比率：

	A 企業	B 企業	C 企業
存貨週轉率	7.2	60.4	9.2
存貨週轉天數	50.7	6.0	39.9
應收帳款週轉天數	39.9	28.0	83.3
應付帳款週轉天數	2.8	76.6	91.3
資產報酬率	14.2%	17.9%	−2.9%
不含現金及約當現金的資產報酬率	19.9%	61.5%	−3.4%
權益報酬率	20.3%	30.0%	−11.1%

如上所見，A企業雖創造最高營收，B企業由於流動性、效率、獲利極高，可望成為產業領導者。藉由這套標準化比率，管理者能做出較佳決策，譬如哪些企業應投資、哪些企業應列入觀察。此外，股東也會運用比率來瞭解，自家企業相較於同業的績效如何。

實務訣竅

務必計算數種不同比率，以確保能準確掌握局面。每種比率都有助於洞察，運用的比率愈多，觀察取角也更為全面。就像各種形式的財務分析，比率同樣無法「解答」一間企業為何績效好壞，而是提供一種較深思熟慮的方法，來探究必解的關鍵問題。

最大陷阱

比率要具備意義，前提是其依據的財務資訊必須準確，否則就有落入「垃圾進，垃圾出」的陷阱之虞。其一關鍵錯誤是，將若干可比較企業的會計

年度結果拿來相比，卻忽略到會計年度結束日因企業而異（有些是一月底，有些則在六月）。另外，比率用來比較時，才真正富有意義；比如，觀察某企業的一組比率如何隨時間改變，或數間競爭企業的比率有何差異等。

延伸閱讀

McKenzie, W. (2013) *FT Guide to Using and Interpreting Company Accounts*, 4th edition. Upper Saddle River, NJ: FT Press/Prentice Hall.

Ormiston, A.M. and Fraser, L.M. (2012) *Understanding Financial statements,* 10th edition. Harlow, UK: Pearson Education.

第二十四節
企業評價

　　一間企業的價值有多少？要回答這項問題，就得先判斷該企業與同業相比，是價值低估抑或價值高估。不幸的是，一間企業到底價值多少，目前尚未有單一模式能分析得出。因此，本節列出四種模式，並個別說明利弊。

使用時機

- 進行收購時，決定正確價格。
- 面對收購時，保護自己的公司。
- 身為投資人，決定何時買進或賣出某企業的股份。

緣起

對管理者及投資人來說，一旦面臨企業收購或股票投資的抉擇時，就必須採行企業評價。早期進行評價時，聚焦於單純的現金流量及獲利能力分析。隨著「金錢的時間價值」概念逐漸為人所知，折現率開始融入評價方法，公司的融資情況也納進考量。

派克（R.H. Parker）於一九六八年曾探討歷史上現金流量折現法的運用，他指出，史上第一份利率表問世於一三四〇年，發明者是佛羅倫斯商人暨政治人物彼加洛第（F.B. Pegolotti）。接下來數世紀，隨著保險及精算學發展，也驅使現值研究益發成熟。一五八二年，弗蘭德數學家西蒙・斯蒂文（Simon Stevin）寫了一本金融數學教科書，不僅為該領域最早的教科書之一，更為現值原則奠定基礎。

定義

凡是企業評價方法，都牽涉到要分析企業的財務報表，並提出企業最終價值的估計值。有些是絕對方法，

直接針對企業創造現金的能力及其資金成本；有些則是相對方法，將企業績效與同業相比。有一點必須留意，企業價值的估計值，會隨採用的技巧、分析師所選假設而異。

如何運用

投資人會提出的基本問題是：「這間企業的價值，相對於其股價，究竟是低估或高估？」因此，以下列出四種企業評價技巧：

1. **資產基礎評價法**：僅根據資產負債表。

2. **可比交易價格**：與同業相比。

3. **現金流量折現法**：根據未來現金流量及資金成本。

4. **股利折現模式**：根據其意圖回饋投資人的股息流。

以下就用一個例子，來看看這四種評價方法如何付諸實踐。假設有間企業稱作「奢侈甜點」，瞄準紐約市市場提供高階甜點。除有二〇一三至二〇一五年的歷史結果之外，也有未來五年的預計結果（數字均以千美元

計，詳見下頁）。

你會發現，這間企業試圖迅速提升營收。淨所得雖預期會成長，淨利率預計約莫持平。根據奢侈甜公司近年來的資產負債表，可看出這間企業的保留盈餘呈現成長，帳目上的現金約有五十萬美元。除了奢侈甜點之外，我們也整理了幾間類似的甜點公司。以下便以這組比較對象來進行分析。

值得注意的是，其中「日出甜點」這間企業，銷售額大幅高於其他比較對象。

資產基礎評價法

藉此技巧，能評估公司權益的公平市價，計算時要從總資產扣除負債總額。重點在於，扣去負債總額後的總資產，公平市價為多少。根據基本會計原則，從一間企業的損益表，能衡量出其真正的潛在盈餘；透過資產負債表，則能對企業資產及權益的價值，提出可靠的估計。

奢侈甜點：近期及預計損益表

損益表	2013	2014	2015	2016 （未來）	2017 （未來）	2018 （未來）	2019 （未來）	2020 （未來）
營收	$4,407	$5,244	$5,768	$7,822	$9,878	$12,442	$14,654	$17,161
人力	$1,763	$2,045	$2,192					
物料	$1,542	$1,730	$1,904					
毛利率	$1,102	$1,468	$1,673	$2,212	$2,693	$3,283	$3,856	$4,518
其他總費用	$686	$815	$960	$1,173	$1,482	$1,866	$2,198	$2,574
息稅折舊攤 銷前盈餘	$415	$654	$713	$1,038	$1,212	$1,416	$1,658	$1,944
攤銷	$103	$107	$112	$115	$169	$172	$175	$177
利息費用	$18	$18	$18	$160	$160	$160	$160	$160
稅前盈餘	$295	$528	$583	$763	$883	$1,084	$1,323	$1,607
稅（38%）	$112	$201	$222	$290	$335	$412	$503	$611
淨所得	$183	$328	$361	$473	$547	$672	$820	$996
淨利率	4.2%	6.2%	6.3%	6.0%	5.5%	5.4%	5.6%	5.8%

奢侈甜點：資產負債表

資產負債表	2013	2014	2015
資產			
現金	$76	$249	$546
應收帳款	$749	$813	$808
預付費用	$110	$131	$144
存貨	$220	$247	$293
固定資產	$1,073	$1,115	$1,154
	$2,228	$2,555	$2,944
負債及權益			
營運線	$–	$–	$–
應付帳款	$278	$277	$305
長期負債	$200	$200	$200
	$478	$477	$505
投入權益	$250	$250	$250
保留盈餘	$1,501	$1,828	$2,190
	$2,228	$2,555	$2,944

奢侈甜點：可比較企業

目標公司	2015年銷售額	息稅折舊攤銷前盈餘	目標價格
職人蛋糕店	$12,000	$1,300	$7,800
義式麵包坊	$2,200	$350	$1,225
婚宴蛋糕供應商	$3,000	$600	$2,700
日出甜點	$35,000	$3,000	$36,000
牧場麵包坊	$6,000	$750	$3,000

　　以奢侈甜點的案例來說，其總資產為2944000美元，負債總額為505000美元，資產淨值或權益則為2440000美元。若假設權益的市場價值等同於資產淨值，那麼奢侈甜點價值僅稍低於2500000美元。這是評價企業的一種方法，不過誠如下面所見，這種方法通常**會低估**價值，因為有些資產（如忠誠顧客或品牌力）並不會列在資產負債表上。

可比交易價格

　　第二種評價方法，則是找出若干可比較企業，觀察他們在股票市場上的價值。倘若你要賣房子，估計價值

時，就會打聽同一條街上類似房子售價多少；原則是一樣的。

挑戰在於，如何找到對的比較企業。理想上，可比較企業指性質雷同、同一產業的直接競爭對手；然而，要找到大同小異的企業是極為困難的。實務上，分析師在評價企業時，多半會在同一產業部門，先找出四到五個最接近的競爭對手來比較。若候選的企業為數不少，分析師會針對規模、成長潛力相近的企業。以智慧型手機產業為例，分析師或許會拿同為市場領導者的蘋果及三星相比，再根據財務統計，選擇要不要把索尼列入比較。

以下評價練習，一共列出五個比較對象。目標價格除以息稅折舊攤銷前盈餘，便能得出每間企業的息稅折舊攤銷前盈餘倍數：

目標公司	2015年銷售額	息稅折舊攤銷前盈餘	目標價格	息稅折舊攤銷前盈餘倍數
職人蛋糕店	$12,000	$1,300	$7,800	6.0×
義式麵包坊	$2,200	$350	$1,225	3.5×
婚宴蛋糕供應商	$3,000	$600	$2,700	4.5×
日出甜點	$35,000	$3,000	$36,000	12.0×
牧場麵包坊	$6,000	$750	$3,000	4.0×
平均				6.0×
排除日出甜點之平均				4.5×

　　請注意，計算平均時，一個要納入日出甜點，一個則不予納入。由於日出甜點規模遠大於其他企業，你可選擇不把日出甜點列入分析。另外，奢侈甜點二〇一五年息稅折舊攤銷前盈餘為713000美元，因此可根據可比交易分析，來估計奢侈甜點的價值（以千為單位）：

		2015年息稅折舊攤銷前盈餘	隱含價值
平均	6.0×	$713	$4,275
排除日出甜點之平均	4.5×	$713	$3,206

根據這組比較對象，奢侈甜點價值估計有3206000美元，或4275000美元。可比交易分析運用了息稅折舊攤銷前盈餘倍數。其他倍數也可組合使用，或取代息稅折舊攤銷前盈餘倍數皆可。譬如盈餘倍數、客戶經理，就是其中二例。

現金流量折現法（DCF）

以現金流量折現法分析而言，在觀察企業價值時，會考量該企業能創造出多少自由現金流量。這些現金流量係根據企業折現率來折回現值。企業的折現率即資金成本，其中涉及股東權益的預期所得，以及債權人持有多少債務。

典型的現金流量折現法計算方式，是以折現率將企業「未舉債自由現金流量」（UFCF）折現，以得出預計結果的現值。未舉債自由現金流量指企業付息前的現金流量，故此指標使用「未舉債」一詞。

以下就來看看奢侈甜點的例子：

現金流量折現法	2016 （未來）	2017 （未來）	2018 （未來）	2019 （未來）	2020 （未來）
未舉債自由現金流量					
營收	$7,821.8	$9,877.8	$12,442.1	$14,654.1	$17,160.9
息稅折舊攤銷前盈餘	$1,038.3	$1,211.7	$1,416.3	$1,658.1	$1,944.1
減：攤銷	−$115.4	−$168.8	−$172.0	−$174.8	−$177.3
息前稅前盈餘	$922.9	$1,042.8	$1,244.4	$1,483.4	$1,766.9
減：稅（38%）	−$350.7	−$396.3	−$472.9	−$563.7	−$671.4
息前稅後盈餘	$572.2	$646.6	$771.5	$919.7	$1,095.4
息前稅後盈餘	$572.2	$646.6	$771.5	$919.7	$1,095.4
增：攤銷	$115.4	$168.8	$172.0	$174.8	$177.3
減：資本支出	−$650.0	−$200.0	−$200.0	−$200.0	−$200.0
減：營運資本投資	−$150.0	−$150.0	−$150.0	−$150.0	−$150.0
未舉債自由現金流量	−$112.4	$465.4	$563.5	$744.4	$922.7

　　請注意，首先從息稅折舊攤銷前盈餘算起，扣除攤銷（即「折舊攤銷」），接著計算息前稅前盈餘稅額（別忘這裡算的是企業「未舉債」現金流量）。得出結果即息前稅後盈餘。接下來，作為非現金費用的攤銷要

加回去，資本支出現金費用及任何營運資金的投資則要扣除。結果即未舉債自由現金流量。

假設折現率的加權平均資金成本（WACC）是18%。從假設的加權平均資金成本之中，可看出奢侈甜點的未舉債自由現金流量現值為1406000美元（參見下表）。

未舉債自由現金流量淨現值	2016（未來）	2017（未來）	2018（未來）	2019（未來）	2020（未來）
期間	1	2	3	4	5
折現因子	0.85	0.72	0.61	0.52	0.44
未舉債自由現金流量現值	−$95.3	$334.2	$361.2	$384.0	$403.3
未舉債自由現金流量總現值					$1,387.5

這項練習中，別忘一項重要步驟：評估企業終值。棘手之處在於，奢侈甜點預期到第五年（二〇二〇年）後仍會持續營運。為計算二〇二〇年前的未舉債自由現金流量終值，可假設永續成長率（簡寫為「g」）為4.0%，加權平均資金成本同樣為18%。終值計算公式如下：

$$\frac{UFCF_n \times (1+g)}{WACC - g}$$

因此，到二〇二〇年底，奢侈甜點的終值為[1]：

$$\frac{923 \times (1+4.0\%)}{18.0\% - 4.0\%} = 6{,}856{,}571$$

　　至於終值的現值，則是6856571美元乘以0.44（四捨五入前為0.4371），等於2997007美元。以前述例子來說，到二〇二〇年，亦即第五年年底，折現因子為0.44。值得注意的是，終值現值遠遠高於這五年的現金流量現值。這也是為何，先估計終值是非常重要的步驟。

　　未舉債自由現金流量現值（1387458美元）與終值現值（2997007美元）相加即可算出，奢侈甜點的現金流量折現法價值為4384465美元。

股利折現模式

　　藉此方法，能單純看出股東能獲得多少現金。投資人重視的，不外乎資本利得（如高科技業的「獨角獸公司」，即價值超過十億美元的新創公司，且多半未曾確

1　小提醒：為呈現方便，價值經四捨五入。

實獲利）或股利（如電信與公用事業）。

最適合採此模式的情況是，股利呈已知、穩定狀態，且預期能以可預測速度成長。股利折現模式有一最精簡的版本，即「戈登成長模式」，能用以評價身處「穩定狀態」、股利呈永續成長的企業。戈登成長模式涵蓋股價下一期預期股利、權益成本、股利預期成長率。

$$股價 = \frac{DPS_1}{k_e - g}$$

代表意涵：

　　DPS_1 = 近一期預期股利。

　　k_e = 權益持有人的必要報酬率。

　　g = 股利永續年增率。

以奢侈甜點為例，假設投資人可期待每年股利為四十萬美元，永續年增率為15%：

近一期預期股利	400
權益持有人的必要報酬率	26%
股利永續年增率	15%
	$3,636

以此例來看，奢侈甜點價值為3636000美元。

總言之，由於納入計算的項目不同，各種評價方法產生的結果也大異其趣：

- 資產基礎評價法：2440000美元。
- 可比交易價格：3206000美元至4275000美元之間。
- 現金流量折現法：4384465美元。
- 股利折現模式：3636000美元。

「奢侈甜點價值到底多少？」可以顯見，此問題沒有唯一正解。透過分析，可得出一系列估計值（從2400000美元至4400000美元不等），而身為分析師或潛在投資人，現在應把各種主觀因素列入考慮，以評估哪一數字為最符合現實情況。有些因素攸關企業無形的優缺點，譬如顧客忠誠度、企業管理者能力。外部因素也同等重要，比如市場波動率、新競爭對手是否逐漸浮現等。

最後還要考量的是，目前企業主想脫手的動機有多強、是否有其他買方也虎視眈眈。這類因素往往都會導致付出代價大幅上揚，遠高出這些評價方法所預期。

實務訣竅

評價分析要發揮用處及意義，務須確保謹慎評估的過程中，能夠善用多種技巧。不同技巧算出的結果總難免有些微差異，但透過這些差異，有助於你更全盤瞭解所評價的公司。同樣重要的是，你必須瞭解每種計算法背後的機制，以掌握加權最重的項目有哪些。

最大陷阱

評價分析最忌諱的錯誤是，假設每種計算法都「正確無誤」。請記住，這些技巧都是奠基於假設。所以，對於每個計算項目，都要學著以批判的心態來看待，畢竟再小的變化（如假設的成長率），都可能對最終評價帶來莫大影響。

延伸閱讀

Berk, J. and DeMarzo, P. (2013) *Corporate Finance: The Core*, Harlow, UK: Pearson.

Gordon, M.J. and Shapiro, E. (1956) 'Capital equipment analysis: The required rate of profit', *Management Science*, 3(1): 102-110.

Parker, R.H. (1968) *Discounted Cash Flow in Historical Perspective*. Chicago, IL: Institute of Professional Accounting.

第二十五節
加權平均資金成本

　　企業的「加權平均資金成本」（WACC）是一種財務指標，能衡量企業的資金成本。同時，也是企業債務成本及權益成本的加權平均數。

使用時機

- 制定資本預算決策時，選用多少折現率。
- 評估潛在投資。

緣起

　　一九五四年，學術研究首次出現「資金成本」一詞，提出者為艾倫（Ferry Allen）：他所探討的是，不同的

負債權益比，會如何導致資金成本增加或降低，因此對管理者來說，尋找恰到好處的平衡點是相當重要的。

直到一九五八年，莫迪利安尼（F. Modigliani）與米勒（Merton Miller）發表了一篇論文，題為〈資本成本、企業財務和投資理論〉，影響極為深遠，艾倫的非正式分析才相形見絀。這篇論文憑扎實的理論基礎，探究企業正確的資本結構。奠基於這項理論，加權平均資金成本公式以直截了當的方式，計算特定企業大約的整體資金成本。

定義

大體而言，企業有兩種融資方法：一是靠舉債，向貸款人借錢；二是靠權益，將企業股權賣給投資人。此二融資方法都得付出成本。債權人期待收取貸款利息。權益持有人則期許其企業股份價值上漲，而能獲得每年股利支付。

計算企業的加權平均資金成本時，要先釐清債務成本（單純指應付利息所致）及權益成本（公式較為複雜，如下述），再根據負債權益比，算出兩者的加權平

均數。

以較專業術語來說，加權平均資金成本（WACC）的方程式，即每項資本組成要素的成本，乘以其比例加權，然後加總：

$$WACC = \frac{E}{V} \times R_e + \frac{D}{V} \times R_d \times (1 - T_c)$$

代表意涵：

R_e = 權益成本。

R_d = 債務成本。

E = 企業權益的市場價值。

D = 企業債務的市場價值。

V = E + D = 企業所有融資來源（含權益及債務）的總市場價值。

E/V = 權益占總融資的百分比。

D/V = 債務占總融資的百分比。

T_c = 公司稅。

簡言之，透過加權平均資金成本，可總體衡量企業在運用債權人及股東的資金時，要付出多少成本。無論是對企業經營者或潛在投資人，這種衡量方法都意味深

遠。對企業經營者而言，要創造價值，就得投資報酬率高於加權平均資金成本的資本計畫；因此，懂得怎麼計算，能幫助企業管理者決定哪些項目值得投資。以潛在投資人的角度來說，藉由企業的加權平均資金成本，能掌握目前投資人可得多少報酬率，以及相形之下，該企業最終價值可能較高或低。

如何運用

至於加權平均資金成本如何計算，試舉一例說明。假設格里芬集團是一間中型企業，現正評估數項計畫。為判斷有哪些計畫能為企業創造價值，決定要計算加權平均資金成本。股東主要為創辦人及其家族，創立公司後，持續提供80%的權益資本，預期報酬率為25%。另20%則為長期負債，利率為6%。

假設邊際稅率為30%。若權益融資占100%，加權平均資金成本即為25%。在負債狀況下，其加權平均資金成本（運用上列公式）如下：

$$WACC = \frac{E}{V} \times R_e + \frac{D}{V} \times R_d \times (1 - T_c)$$

$$= \frac{0.80}{1.00} \times 0.25 + \frac{0.20}{1.00} \times 0.06 \times (1 - 30\%)$$

$$= 0.20 + 0.0084$$

$$= 0.2084, \text{ 或 } 20.84\%$$

秉持加權平均資金成本的概念，唯有年均報酬率可望超過20.84%的計畫，才值得格里芬列入考慮。事實上，這數目相當高。每年目標報酬率達15%至18%的計畫對眾多其他企業或許可行，對格里芬則行不通。

同一產業的其他企業，由於資本結構中的負債比例較高（平均50%），格里芬集團決定提高舉債，直到達產業平均水準。其加權平均資金成本更新如下：

$$WACC = \frac{0.50}{1.00} \times 0.25 + \frac{0.50}{1.00} \times 0.06 \times (1 - 30\%)$$

$$= 0.125 + 0.021$$

$$= 0.146, \text{ 或 } 14.6\%$$

有了嶄新的資本結構，格里芬便能採行每年報酬率可望達15%至18%的計畫，畢竟潛在報酬率高於加權平均

資金成本。

　　要是格里芬再進一步，試圖以80%的債務來融資，又會如何？按照假設，加權平均資金成本可調整如下：

$$\text{WACC} = \frac{0.20}{1.00} \times 0.25 + \frac{0.80}{1.00} \times 0.06 \times (1 - 30\%)$$
$$= 0.05 + 0.0336$$
$$= 0.0836, \text{ 或 } 8.36\%$$

　　你會發現，隨負債比例（成本較低）提高，加權平均資金成本便會降低。不過，這套新的加權平均資金成本僅為假設，因為一旦格里芬提高舉債，股東風險也隨之提高，也會擔心公司是否有能力償債。對權益持有人來說，鑑於破產風險提高，也許會要求投資報酬率提高。隨著權益成本提高，加權平均資金成本也會與之俱增。

　　在計算企業的加權平均資金成本時，投資人普遍會想知道，企業的目標資本結構為何，而此目標又通常奠基於產業典型案例。舉例來說，人們也許會預期，相較於高科技產業的企業，不動產投資信託的負債比例較高。

債務成本與權益成本該如何計算？估計債務成本很容易，只要觀察既有長期負債平均利息即可（或參考可比較企業的數字）。而要計算權益成本，第一種方式是運用「資本資產定價模式」（CAPM），根據無風險利率、市場報酬率、股價近期波動率來估計。第二種方式是透過股利折現模式，根據股利支付來估計。第三種則除了風險溢價之外，還會估計當期的無風險債券殖利率。比方來說，當期的美國十年期政府債券收益率若為4%，市場風險溢價為5%，那麼企業的權益成本即9%。

實務訣竅

估計企業的加權平均資金成本時，由於根據的假設是相當直覺式的，不會牽涉到艱難計算，計算法相對直截了當。然而值得謹記的是，許多時候，其實只要靠「簡而易行」的計算法，便能大功告成。例如，倘若你正在猶豫，某項重大資本投資是否值得，那就必須大致瞭解該企業的加權平均資金成本有多少（如在1%到2%以內），畢竟投資報酬率的誤差邊際可能遠超過1%到2%。

　　計算權益成本時，必須運用估計值。比如說，若採資本資產定價模式，就得判斷當期無風險利率是否有異常、股票過往的表現（相較於市場績效）能否延續下去、當期的市場風險溢價多少。使用不同估計值，算出來的權益成本也會有所不同。

延伸閱讀

Allen, F.B. (1954) ' Does going into debt lower the "cost of capital"?', *The Analysts Journal*, 10(4): 57-61.

Miles, J.A. and Ezzell, J.R. (1980) 'The weighted average of capital, Perfect capital markets, and project life: A clarification', *Journal of Financial and Quantitative Analysis*, 15(3): 719-730.

Modigliani, F. and Miller, M. (1958) 'The cost of capital, corporation finance and the theory of investment', *American Economic Review*, 48(3): 261-297.

延伸實用書單

坊間有琳琅滿目的書籍談到本書相關主題。以下列出幾本實用的入門書，涵蓋各類專文及影響深遠的巨作，作者皆為該領域的佼佼者。

管理

《領導人的變革法則》，*Leading Change* by John P. Kotter (Harvard Business Review Press, 2012)
科特可謂變革管理首屈一指的權威。透過這本指南，談到領導者如何達成變革。

《快思慢想》，*Thinking Fast and Slow* by Daniel Kahneman (Penguin, 2012)
這本書是行為心理學的終極指南，作者曾獲諾貝爾獎，促成這門學問誕生。

《組織行為學》，*Organizational Behavior* by Stephen Robbins and Timothy Judge (Pearson, 16th edition, 2014)

市面上概述組織行為的教科書，林林總總，可圈可點，這是其中最為知名、歷時不衰的著作之一。

《經理人的一天：明茲伯格談管理》，*Managing* by Henry Mintzberg (Financial Times/Prentice Hall, 2011)

明茲伯格在五十年職涯中，管理著作等身，這部近期作品概括他迄今的種種發現。

行銷及營運

《行銷管理》，*Marketing Management* by Philip T. Kotler and K.L. Keller (Pearson, 15th edition, 2015)

數十年來，科特勒穩坐行銷巨擘的地位，此書仍為行銷系所學生的必讀之作。

《影響力：讓人乖乖聽話的說服術》 *Influence: The psychology of persuasion* by Robert Cialdini (HarperBusiness, 2007)

這本書網羅所有聰明竅門，教行銷人怎麼說服大家購買產品。

《長尾理論：打破80/20法則的新經濟學》，*The Long Tail* by Chris Anderson (Hyperion Books, 2006)
近來有眾多書籍探討行銷如何隨網際網路轉變。這本書不僅是開山始祖之一，至今依舊被視為寶典。

《定位：在眾聲喧譁的市場裡，進駐消費者心靈的最佳方法》，*Positioning: The battle for your mind* by Al Ries and Jack Trout (McGraw-Hill Education, 2001)
歷久不衰的行銷經典，解說如何有效區隔及定位。

策略

《藍海策略：開創無人競爭的全新市場》，*Blue Ocean Strategy: How to create uncontested market space and make the competition irrelevant* by W. Chan Kim & Renee Mauborgne (Harvard Business Review Press, 2015)
對於如何定義獨到、別出心裁的策略，此書提供明確可行的指南。

《現代策略管理》，*Contemporary Strategy Analysis* by Robert M. Grant (John Wiley & Sons, 2015)
這本經典教科書，對策略領域的探討面面俱到，為登峰

造極之作。

《好策略・壞策略》，*Good Strategy Bad Strategy* by Richard P. Rumelt (Profile Books Ltd, 2012)

身為策略思考的創始者之一，作者對於各門學派有全面探討與批判。

《從 A 到 A+》，*Good to Great* by Jim Collins (Random House Business, 2001)

此書聚焦於策略執行，談及如何動員組織，以達成特定目標。

創新及創業精神

Innovation and Entrepreneurship by John Bessant and Joe Tidd (John Wiley & Sons, 3rd edition, 2015)

這是一本全面性專書，從企業及個人創業者觀點，探索創新的各種不同面向。

《創新的兩難》，*The Innovator's Dilemma* by Clayton Christensen (Harvard Business Review Press, 2016)

最早談「具破壞性」技術的著作，克里斯汀生因而享譽國際。

The New Business Road Test by John Mullins (FT Press, 2013)

對所有想創業的人，這本是不可多得的概論教科書。

《精實創業：用小實驗玩出大事業》，*The Lean Startup* by Eric Ries (Portfolio Penguin, 2011)

現今最熱門的創業精神觀點，盡在此書。

財務

Investment Valuation: Tools and techniques for determining the value of any asset by Aswath Damodaran (John Wiley & Sons, 2012)

作者為投資評價領域專家，無人能出其右，全面探討各種評價技巧；最重要的是提醒讀者留意若干風險，以及如何降低風險。

Principles of Corporate Finance by Richard A. Brealey, Stewart C. Myers and Franklin Allen (McGraw-Hill Education, 2016)

企業財務及資產評價的經典，鎖定讀者群為財務經理。

Horngren's Financial & Managerial Accounting, The

Managerial Chapters by Tracie L. Miller-Nobles, Brenda L. Mattison and Ella Mae Matsumura (Pearson, 2015)
是會計及財務報表分析方面極佳的入門書。

Financial Markets and Institutions by Frederic S. Mishkin and Stanley Eakins (Pearson, 2015)
幫助讀者進一步瞭解企業外部的金融界。

專有名詞解釋

資產基礎評價法（Asset-based valuation） 評價一間企業時，僅根據其資產負債表，以扣除負債總額的總資產公平市價為準。

談判協議最佳替代方案（BATNA） 談判協議的最佳替代方案，亦即談判讓步立場。

貝他係數（Beta） 用來衡量相對於總體市場的股價波動率，為特定股票的「風險」指標之一。

藍海（Blue ocean） 指一無人競爭的市場，有別於百家爭鳴的紅海。

企業策略（Business strategy） 企業為讓事業單位在特定市場競爭所做之選擇。

能力（Capabilities） 指企業如何部署資源；企業表現特出之處可謂具「獨到」能力。

資本資產定價模式（Capital asset pricing model, CAPM）

有助於估計企業權益持有人的預期報酬率。

資本預算（Capital budgeting） 用以估計各種（大型）資本投資潛在獲利能力的技巧。

通路（Channel） 企業接觸顧客的方式。舉例來說，某銀行除零售分行網絡，還跨足電信、網路或手機業，這些都是銀行的各類市場通路。

認知偏誤（Cognitive bias） 指人們觀看世界的方式不見得全然理性，有時甚至不準確，可能是因先前經驗或可得資訊使然。

可比交易價格（Comparable transaction valuation） 透過與同業相比來評價一間企業。

競爭優勢（Competitive advantage） 企業在特定市場占有一席之地，而能比競爭對手獲得較高報酬。

競爭定位（Competitive position） 在特定市場所選的定位，舉凡採低成本、高品質或聚焦策略。

核心能力（Core competence） 企業以一套能力及資源，跨足若干不同事業或市場等。

公司策略（Corporate strategy） 企業為在多重事業保有競爭力、獲致綜效而做的選擇。

債務成本（Cost of debt） 債權人願意提供貸款給一間

企業的預期報酬率。

權益成本（Cost of equity） 股東願意投資一間企業的預期報酬率。

群眾外包（Crowdsourcing） 運用多人力量來提出或評估點子；創新過程中採此法的公司為數漸多。

文化（Culture） 組織內部人士的集體信念，即一套「我們該怎麼做事」的不成文規定。

折現率（Discount rate） 用在評價時，折現率係指加權平均資金成本。

現金流量折現法（Discounted cash flow） 根據一連串的未來現金流量及資金成本，估算一個資產或企業的價值。

多角化（Diversification） 跨入鄰近市場、國家或事業領域。

股利折現模式（Dividend discount model） 以其意圖回饋投資人的股息流來評價一間企業。

動態定價法（Dynamic pricing） 根據需求頻繁調整價格。

規模經濟（Economies of scale） 大量生產以降低產品成本。

創發策略（Emergent strategy） 一套長久以來形成的行動模式，通常與企業計畫中的策略不盡相同。

情緒智力（EQ or Emotional Intelligence） 管理自身及他人情緒的能力。

五力分析（Five forces analysis） 麥可・波特所提出，指定義一產業可能的獲利能力時，須觀察其整體結構，包括內部矛盾、新進入者的威脅、潛在替代品、供應商議價能力、顧客議價能力等。

一般性策略（Generic strategies） 根據麥可・波特定義，市場上有三種基本定位，即低成本、聚焦、差異化。

團體迷思（Groupthink） 此觀念係指，團隊裡密切合作的一群人，久而久之觀點雷同，容易互相附和。

創新的兩難（Innovator's dilemma） 面對破壞性技術時，既有企業必須決定，新技術是否該採納，又採納時機為何，畢竟風險在於，其可能對既有銷售額相互競食。

內部報酬率（Internal rate of return） 報酬率作為一種百分比，項目淨現值設為零。

動機（Motivation） 組織情境中激發個人努力的潛在

驅動力，通常分為內在（發自內心）及外在（來自他人）。

淨現值（Net present value） 與計畫相關的所有未來現金流量淨值，且為折現現值。

開放式創新（Open innovation） 概稱企業如何善用外部人士的洞見及資金，以促進有效創新。

養育優勢（Parenting advantage） 指相較於其他潛在母公司，企業總部或「母公司」更能為一事業單位創造價值的能力。

績效評估（Performance appraisal） 指個人正式取得回饋，以瞭解自身在組織裡表現的方法。

個人化行銷（Performance appraisal） 此觀念係指一產品或服務可針對個人特定需要訂製。

投資組合（Portfolio） 一間多事業部公司既有的事業或市場組合。

比率分析（Ratio analysis） 一套用來分析及理解公司財務報表的方法論。

資源基礎觀點（Resource-based view） 一種策略觀察法，以分析企業獨到的資源與能力為基礎。

資源（Resources） 指一企業的生產性資產，例如人

力、實體、金融或技術資產,性質上可為有形或無形。

無風險利率（Risk-free rate） 投資人對於一項無風險投資的預期報酬率。可靠政府所發行的無風險債券即屬這類投資。

情境（Scenario） 針對未來可能狀況的一套假設觀點。

區隔（Segment） 指具一致性、可能被公司視為目標的潛在顧客子集合。

門徑管理流程（Stage/gate process） 企業會採取一套正式審查流程,以決定哪些創新點子值得投資、進一步發展。

策略（Strategy） 企業在決定如何競爭、何處競爭時所做之選擇。

願景（Vision） 指企業的「願景宣言」,談的是「計畫中的未來狀態」,例如要成為某產業的佼佼者。有時會以「宗旨」取而代之。另一近義詞則是「使命」,但通常指該企業自始至終的存在理由,即成立宣言。

加權平均資金成本（Weighted average cost of capital） 此財務矩陣可衡量一企業的資金成本,為該企業債務成本及權益成本的加權平均數。

中英對照

人名

大衛・凱利	David Kelley
內爾・波登	Neil Borden
尤金・法瑪	Eugene Fama
巴昂	Reuven Bar-On
丹尼爾・高曼	Daniel Goleman
丹尼爾・康納曼	Daniel Kahneman
卡多佐	R. N. Cardozo
卡特	Matt Carter
古德	Michael Goold
史蒂夫・布蘭克	Steve Blank
史蒂芬・馬丁	Stephen Martin
弗蘭科・莫迪利安尼	F. Modigliani
皮耶・魏克	Pierre Wack
皮特瑞茲	K. V. Petrides
艾倫	Ferry Allen
艾瑞克・萊斯	Eric Ries

艾爾弗雷德・斯隆	Alfred P. Sloan
伊恩・麥克米蘭	Ian MacMillan
朱利安・柏金紹	Julian Birkinshaw
西奧多・萊維特	Theodore Levitt
西蒙・斯蒂文	Simon Stevin
亨利・伽斯柏	Henry William Chesbrough
亨利・明茲伯格	Henry Mintzberg
克拉克・威爾遜	Clark Wilson
克雷頓・克里斯汀生	Clay Christensen
坎貝爾	Andrew Campbell
芮妮・莫伯尼	Renée Mauborgne
阿摩司・特沃斯基	Amos Tversky
亞歷山大	Marcus Alexander
佩恩	Wayne Payne
彼加洛第	Francesco Balducci Pegolotti
彼得・薩洛威	Peter Salovey
肯・馬克	Ken Mark
肯尼斯・法蘭西	Kenneth French
金偉燦	W. Chan Kim
哈利・馬可維茲	Harry Markowitz
威廉・尤瑞	William Ury
威廉・夏普	William Sharpe
派克	R. H. Parker
科特	John Kotter
約翰・哈里森	John Harrison

約翰・梅爾	John Mayer
埃洛普	Stephen Elop
庫爾特・勒溫	Kurt Lewin
泰德・紐蘭德	Ted Newland
海歇爾罕姆	Fritz Heichelheim
莉塔・麥奎斯	Rita McGrath
馬基德斯	Constantinos C. Markides
索坦	Colette Southam
基姆・克拉克	Kim Clark
梅里爾・弗勒德	Merrill Flood
梅爾文・德雷希爾	Melvin Dresher
菲利普・科特勒	Philip Kotler
麥可・波特	Michael Porter
理查・布蘭森	Richard Branson
傑・巴尼	Jay Barney
傑羅姆・麥卡錫	Jerome McCarthy
喬・鮑爾	Joe Bower
提姆・布朗	Tim Brown
普哈拉	C. K. Prahalad
馮紐曼	John von Neumann
奧斯卡・摩根斯坦	Oskar Morgenstern
愛德華・桑代克	Edward Thorndike
愛德華・錢柏林	Edward Chamberlin
溫德	Y. Wind
溫德爾・史密斯	Wendell Smith

蓋瑞・哈默爾	Gary Hamel
詹森	Claes Janssen
賈伯斯	Steve Jobs
雷蒙德・弗農	Raymond Vernon
熊彼得	Joseph Schumpeter
赫伯特・西蒙	Herbert Simon
赫曼・卡恩	Herman Kahn
邁可・雷諾	Michael Raynor
蕾貝卡・韓德森	Rebecca Henderson
霍華・舒茲	Howard Schulz
霍華德・加德納	Howard Gardner
默頓・米勒	Merton Miller
羅伯特・勞特朋	B. Lauterborn
羅莎貝絲・坎特	Rosabeth Moss Kanter
羅傑・馬丁	Roger Martin
羅傑・費雪	Roger Fisher

商業管理知識專有名詞

一致性偏誤	consistency bias
一般性策略	generic strategies
一對一行銷	one-to-one marketing
二乘二矩陣	2×2 matrix
人力	labour
人口統計	demography
三百六十度回饋	360-degree feedback

三百六十度評核	360-degree review
三百六十度評鑑	360-degree assessment
上級評鑑	superior's appraisal
大眾市場	mass market
大量客製化	mass-customisation
大數據	big data
子集合	subset
子領域	subfield
小型企業	small firm
工會	labour union
工業行銷	industrial marketing
中間商	middlemen/middleman
互惠	reciprocity
五力分析	five forces analysis
內在動機	internal motivation
內在理由	internal reasons
內部矛盾	internal rivalry
內部能力	internal capabilities
內部報酬率	internal rate of return
內部資源	internal resources
內部導向	internal orientation
公平市價	fair-market value
公共股東	public shareholder
公眾授權	public licence
反論	counter-argument

反覆式	iterative
反繹推理	abductive reasoning
心理定價法	psychological pricing
戈登成長模式	Gordon growth model
支付股利的公用事業	dividend-paying utility
日常成本	day-to-day cost
月線	monthly history
比例加權	proportional weight
比較對象	comparators
毛利率	gross margin
不可模仿性	inimitability
不良市場	bad market
不動產投資信託	real-estate investment trusts
加權平均資金成本（WACC）	weighted average cost of capital
加權平均數	weighted average
可比交易分析	comparable transactions analysis
可比交易價格	comparable transaction valuation
囚徒困境	prisoner's dilemma
四房變革	four rooms of change
市場占有率	market-share
市場成長	market growth
市場成長率	market growth rate

市場區隔	market segmentation
市場規模	market size
市場報酬率	market return
市場價值	market value
市場機會	market opportunities
平均分數	average ratings
必要報酬率	required return
未來現金流量	future cash flow
未舉債自由現金流量（UFCF）	unlevered free cash flow
正現金流量	cash-flow positive
永續成長率	perpetual growth rate
永續年增率	perpetual annual growth rate
永續獲利	profit sustainability
生命週期階段	life-style stages
生產性資產	productive assets
目標市場	target market
目標利潤定價法	target-return pricing
企業掠奪者	corporate raiders
企業策略	business strategy
企業評價	valuing the firm
企業評價方法	firm-valuation methods
企業對企業	business-to-business
企業對消費者	business-to-consumer
同業	peer group
同儕評鑑	peers' appraisal

地緣政治	geopolitical
多因素情緒智力量表	Multifactor Emotional Intelligence Scale
多角化	diversification
多事業部	multibusiness
多重通路	multichannel
多評量者回饋	multi-rater feedback
存貨成本	cost of inventory
存貨週轉天數	days inventory
存貨週轉率	inventory turns
成本加成定價法	cost-plus pricing
早期採用者	early adopter
有價證券	marketable securities
次級後果	second-order consequences
米納	mina
自由現金流量	free cash flow
自由貿易區	free trade zone
自我中心偏誤	egocentric bias
自我應驗的預言	self-fulfilling prophecy
自陳測驗	self-report test
防禦性股票	defensive stock
年均報酬率	average annual return
劣勢策略	dominated strategies
行為經濟學	behavioural economics
行銷組合	marketing mix

初始定價	initial pricing
快速跟隨者	fast-follower
快速雛型法	rapid prototyping
投入權益	contributed equity
投契關係	rapport
投資組合	portfolios
投資報酬率	returns on the investment
折現因子	discount factor
折現現值	discounted to the present day
每年股利支付	annual dividend payment
決策法則	decision rule
決策樹	decision tree
社會智力	social intelligence
私募股權	private-equity
私募基金	private fund
貝他係數	beta
近程戰果	short-term win / quick wins
利息保障倍數	interest coverage
利率	interest rate
利潤率	margins
使用者為主	user-focused
供應鏈	supply chain
協同	collaborative
受眾	audience
受測者	test-taker

固定資產	fixed assets
定價策略	pricing strategies
底線	bottom line
「明星」事業	'star' businesses
波士頓成長占有率矩陣	BCG growth-share matrix
波士頓矩陣	the BCG matrix
直接工作圈	immediate work circle
直接市場	immediate market
直接部屬	direct subordinate
直接產業	immediate industry
直銷	direct selling to homes
知覺扭曲	perceptual distortion
知覺價值	perceived value
股份	share
股利支付	dividend pay-out
股利折現模式	dividend discount model
股東預期報酬率	expectation of returns from shareholders
股息流	dividend stream
長期負債	long-term debt
門徑管理流程	stage/gate process
非現金費用	non-cash expense
「金牛」事業	'cash cow' businesses
保留盈餘	retained earnings
冒險型創業	entrepreneurial venture

前期投資	upfront investment
前期需求層次	prior demand level
封閉式問題	closed-end questions
封閉式創新	closed innovation
差異化	differentiation
盈餘倍數	earnings multiples
相對市占率	relative market share
相對於銷售額的存貨量	level of inventory relative to its sales
科特八步驟模式	Kotter's eight-step model
約當現金	cash equivalents
紅海	red oceans
負現金流量	cash-flow negative
負債比例	proportion of debt
負債權益比	debt-to-equity ratio/proportions of debt and equity
風險溢價	risk premium
風險與報酬的取捨	trade-off between risk and return
個人化行銷	personalised marketing
個體經濟學	microeconomics
個體環境	micro-environment
宮廷評等制度	imperial rating system
息前稅前盈餘	EBIT
息前稅前盈餘稅額	tax on EBIT

息前稅後盈餘	EBIAT
息稅折舊攤銷前盈餘	EBITDA
息稅折舊攤銷前盈餘倍數	EBITDA multiple
時間價值	time-value
核心能力	core competence
核心課程	core course
特質模式	trait model
破壞式創新	disruptive innovation
破壞性技術	disruptive technology
納許均衡	Nash equilibrium
被授權商	licensee
財務比率	financial ratio
財務可行性	financial viability
財務性報酬	financial reward
財務長	financial officers
財務指標	financial metric
財務健全度	financial health
財務績效	financial performance
貢獻者	contributor
通路	channels/place/outlets
通路代理商	channel agents
通路管理	channel management
通路衝突	channel conflict
速動比率	quick ratio
部屬評鑑	subordinates' appraisal

高占有率	high share
連續創業家	serial entrepreneur
流動比率	current ratio
流動性	liquidity
流動負債	current liabilities
流動資產	current assets
假相關	illusory correlation
動態定價法	dynamic pricing
商業可行性	commercial viability
商業供應鏈	business supply chain
商業架構	business framework
商業實務	business practice
商業模式創新	business model innovation
商業銀行業務	commercial banking
商業價值	commercial value
「問號」事業	'question mark' businesses
基本歸因謬誤	fundamental attribution error
帳面市值比	book-to-market ratio
情境規劃流程	scenario-planning process
情緒能力量表	Emotional Competence Inventory
情緒結構	emotional make-up
捷思法	heuristics
教育心理學家	educational psychologist
淨利	net profit

淨利率	net margin
淨所得	net income
淨值	net value
淨現值	net present value
淨損	net loss
現代金融理論	modern financial theory
現金使用	cash usage
現金流入	cash inflows
現金流量	(stream of) cash flows
現金流量折現法（DCF）	discounted cash flow
現金增值	cash generation
現值	present value
產品平台	product platforms
產品生命週期	life cycle of product
產品組合	product portfolio
產品組合矩陣	Product Portfolio Matrix
產品提供物	product-offering
產品與市場適配	product market fit
第三方	external party
粗略雛型法	crude prototyping
終值	terminal value
組織心理學家	organisational psychologist
組織行為	organisational behaviour
組織結構	formal structure
規模經濟	economies of scale

象限	quadrant
貨幣波動	currency fluctuation
軟體代理人	software agent
週線	weekly history
進入者	entrants
進入障礙	barrier to entry
理性選擇理論	rational choice theory
割喉式	cut-throat
創投事業	business venture
創投業者	venture capitalists
創投資金	venture capital funding
創造性破壞	creative destruction
創發策略	emergent strategy
創新的兩難	innovator's dilemma
創新超越	out-innovate
創新腦力激盪	innovative jam
創新漏斗	innovation funnel
報酬	returns
報酬率	rate of return
替代品或替代服務	substitute products or services
最低可行產品	minimum viable product
最終消費者	end-consumer
最終產品	end-product
最終顧客	end-customer

無風險利率	risk-free rate
稅前盈餘	EBT
策略思考	strategy thinking
策略思維	strategic thinking
策略草圖	strategy canvas
策略規劃	strategic planning
策略聯盟	strategic alliance
結構式創新	architectural innovation
絕對方法	absolute method
診斷調查表	diagnostic surveys
貿易逆差	trade deficit
超額報酬	excess return
開放式技術	open technologies
開放式創新	open innovation
開明權威	enlightened authority
開發專案	development project
集中化	centralised
異質市場	heterogeneous market
傳統實體商店	bricks-and-mortar retailer
債券殖利率	bond yields
債務成本	cost of debt
債務擔保	debt obligations
損益表	Income statement
新產品線	new line
新進入者的威脅	threat of new entrants

新興市場	emerging market
會計年度	fiscal year
溢價	premium
當期收益率	current yield
經紀商	broker
經度獎	Longitude Prize
群眾外包	crowdsourcing
群眾募資	crowdfunding
群體層級	group-level
資本支出	capital expenditure
資本市場	capital market
資本組成要素	capital component
資本結構	capital structure
資本資產定價模式（CAPM）	capital asset pricing model
資本預算	capital budgeting
資金成本	cost of capital
資產負債表	balance sheet
資產淨值	net asset value
資產基礎評價法	asset-based valuation
資產報酬率	return on assets (ROA)
資源基礎觀點	resource-based view
零和	zero-sum
嘗試錯誤	trial-and-error
團體迷思	groupthink
團體教練會談	group-based coaching

	sessions
寡占情況	oligopolies
對外授權	out-licensing
槓桿	leverage
槓桿倍數	gearing
演繹推理	deductive reasoning
「瘦狗」事業	'dog' businesses
種子基金	seed money
算術	arithmetic
管理實務調查	Survey of Management Practices
製程改善	process improvement
複合企業	conglomerate
認知偏誤	cognitive bias
誤差邊際	margin of error
需求導向	demand-driven
養育優勢	parenting advantage
領先使用者	lead user
精實創業	lean startup
精算學	actuarial science
價值主張	value proposition
價值低估	undervalued
價值高估	overvalued
價值基礎定價法	value-based pricing
價值創新	value innovation

價格敏感度	price-sensitive
價格點	price point
價格競爭	price competition
標準比率	standard ratios
潛在盈餘	earnings potential
確認偏誤	confirmation bias
談判協議最佳替代方案（BATNA）	best alternative to a negotiated agreement
談判協議預估替代方案	estimated alternative to a negotiated agreement
銷售倍數	sales multiples
銷貨淨額	net sales
整合商	aggregator
整體平均值	overall average
燃燒的平台	burning platform
營運效率	operational efficiency
獨占力	monopoly power
獨角獸公司	Unicorns
獲利市場	profitable market
獲利能力	profitability
還本期間	payback period
錨定	anchoring
錫克爾	shekel
隱含價值	implied value
歷史波動率	historical volatility

歷史報酬率	historical return
償付矩陣	pay-off matrix
優勢策略	dominant strategies
應付帳款	accounts payable
應付帳款週轉天數	days payable
應收帳款	accounts receivable
應收帳款淨額	net accounts receivable
應收帳款週轉天數	days receivable
檢定假設	hypothesis testing
矯正措施	corrective course of action
賽局理論	game theory
藍海策略	blue ocean strategy
叢聚法	clustering
邊際利潤	profit margins
邊際稅率	marginal tax rate
雙向通路	two-way channel
雛型法	prototyping
獵巫	witch hunt
競爭優勢	competitive advantage
競食	cannibalization
權益	equity
權益成本	cost of equity
權益持有人	equity holder
權益報酬率	return on equity (ROE)
權益資本	equity capital

權益融資	equity-financed
顧客需求	customer demand
顧客需要	customer needs
顧客價值	customer values
變革之輪	change wheel
變革管理	change management
讓步立場	fall-back position

行業品牌機構名

三星	Samsung
巴諾書店	Barnes & Noble
日出甜點	Sunrise Treats
水石書店	Waterstones
世界銀行	World Bank
可口可樂	Coke
史丹福大學	Stanford University
必能寶	Pitney Bowes
多元化資源國際公司	Diversified Resources International
百事可樂	Pepsi
西南航空	Southwest Airlines
西爾斯	Sears
別克	Buick
杜邦	DuPont Company
沃爾瑪	Wal-Mart

亞馬遜	Amazon. com
亞馬遜網路服務公司	Amazon Web Services
佳能	Canon
奇異（GE）	General Electric
宜家家居	IKEA
易捷航空	easyJet. com
服飾租賃網「出租伸展台」	Rent the Runway
波士頓顧問集團（BCG）	Boston Consulting Group
牧場麵包坊	Meadow Breads
阿斯特捷利康	AstraZeneca
哈佛商業評論出版社	Harvard Business Review Press
哈佛商學院出版公司	Harvard Business School Publishing Corporation
哈佛商學院出版社	Harvard Business School Press
哈索普拉特納設計學院	D School
建材公司韓森	Hanson
柏克萊	Berkeley
柯達	Kodak
英特爾	Intel
英國企業董事協會	Institute of Directors
英國廣播公司新聞頻道	BBC News Channel
迪士尼	Disney
倫敦商學院	London Business School

家樂氏	Kellogg's
格里芬集團	Gryphon Conglomerate
特易購	Tesco
索尼	SONY
訊息屋	Message House
馬特羅集團	Martello Group
奢侈甜點	Luxury Desserts
婚宴蛋糕供應商	Wedding Cake Suppliers
晚鳥訂房網站「最後一刻」	lastminute.com
荷蘭皇家殼牌集團	Royal Dutch Shell
設計公司IDEO	IDEO
通用汽車（GM）	General Motors
陶氏化學	Dow Chemicals
雪佛蘭	Chevrolet
麥肯錫	McKinsey
凱迪拉克	Cadillac
彭博社	Bloomberg
惠普	HP
殼牌	Shell
華頓（商學院）	Wharton
雅虎	Yahoo!
奧克蘭	Oakland
奧斯摩比	Oldsmobile
廉價航空	low-cost airlines
瑞穗銀行歐洲總部	Europe Department, Mizuho

	Bank
義式麵包坊	Italian Bakery
福特汽車	Ford Motor
維基百科	Wikipedia
網飛	Netflix
德勤創新及企業學院	Deloitte Centre of Innovation and Entrepreneurship
播放軟體 iTunes	iTunes
樂高	Lego
歐洲工商管理學院	INSEAD
毅偉商學院	Ivey Business School
輝瑞	Pfizer
橋港大學	University of Bridgeport
戴爾	Dell
聯想	Lenovo
職人蛋糕店	Artisan Cakes
豐田	Toyota
羅特曼管理學院	Rotman School of Business
龐帝克	Pontiac
龐德大學	Bond University
寶僑	Procter & Gamble
蘋果	Apple Inc
蘋果線上商城	iStore
蘭德公司	RAND Corporation

地區或地點名

弗蘭德	Flemish
佛羅倫斯	Florentine
康乃狄克州	Connecticut
麻薩諸塞州	Massachusetts

書報媒體名

《人工科學通識》	*The Sciences of the Artificial*
〈公司的核心能力〉	'The core competence of the corporation'
《好策略‧壞策略》	*Good Strategy Bad Strategy*
《行銷管理》	*Marketing Management*
《快思慢想》	*Thinking Fast and Slow*
《快讀快懂再造管理學：成為更棒的上司》	*Fast/Forward, Reinventing Management and Becoming a Better Boss*
《定位：在眾聲喧譁的市場裡，進駐消費者心靈的最佳方法》	*Positioning: The battle for your mind*
《長尾理論——打破80/20法則的新經濟學》	*The Long Tail*
《哈佛這樣教談判力：增強優勢，談出利多人和的好結果》	*Getting to Yes: Negotiating Agreement Without Giving In*
《哈佛商業評論》	*Harvard Business Review*
《為所當為：研擬突破性策略指南》	*All the Right Moves: A Guide to Crafting Breakthrough*

	Strategy
《從 A 到 A+》	*Good to Great*
《現代策略管理》	*Contemporary Strategy Analysis*
《組織行為學》	*Organizational Behavior*
《創新的兩難》	*The Innovator's Dilemma*
《創新者的解答：掌握破壞性創新的9大關鍵決策》	*The Innovator's Solution*
〈發現導向的規劃〉	*Discovery-Driven Planning*
《開放式創新》	*Open Innovation*
《經理人的一天：明茲伯格談管理》	*Managing*
〈資本成本、企業財務和投資理論〉	'The cost of capital, corporation finance and the theory of investment'
《領導人的變革法則》	*Leading Change*
《精實創業：用小實驗玩出大事業》	*The Lean Startup: How Today's Entrepreneurs Use Continuous Innovation to Create Radically Successful Businesses*
《影響力：讓人乖乖聽話的說服術》	*Influence: The psychology of persuasion*
《賽局理論與經濟行為》	*Theory of Games and Economic Behavior*
《藍海策略：開創無人競爭的	*Blue Ocean Strategy:*

全新市場》   *How to create uncontested market space and make the competition irrelevant*

〈競爭力如何形塑策略〉   'How competitive forces shape strategy'

《競爭策略》   *Competitive Strategy*

其他

3D運算	3D computing
工業設計	industrial design
市鎮計畫	town plan
未來學家	futurist
民族誌	ethnographic
生物燃料	biofuel
石油生產商	oil producer
石油儲量	oil reserves
行動科技	mobile technology
行動媒介	mobile
垃圾進，垃圾出	garbage in—garbage out
直接信函	direct mail
直接電子郵件	direct email
政治變遷	political shift
軍事世界	military world
航海用精密計時器	maritime chronometer
高檔美食	gourmet-quality food

設計工程	design engineering
軟體模組	software modules
智慧財產權	intellectual property right
無人駕駛汽車	driverless car
視訊交友	video dating
郵購	mail-order
微處理器	microprocessor
微電子學	micro-electronics
資訊科技	IT
運動休旅車	sports utility vehicle
圖解資訊	infographic
福特 T 型車	Model T Ford
精密工程	precision engineering
精密光學	fine optics
精密機械	precision mechanics
影像公司	imaging company
播客	podcasting
數位影像	digital imaging
機器人	bots
隨選視訊	video on demand
歸納	inductive
寵物照護中心	pet care facility

謝辭

我們要感謝倫敦商學院、毅偉商學院等校同事，在挑選管理模式上提供寶貴建議。尤其要感謝澳洲龐德大學的索坦博士（Dr Colette Southam），幫忙審閱了本書數個章節。也要感謝我們的學生，特別是倫敦商學院EMBA及MBA學程的學生，在挑選模式的過程中不吝給予回饋。

認真職場 3

倫敦商學院教授的25堂MBA課
全球MBA課程中最實用的管理、決策、行銷、創業、財務模式

作者　　　朱利安・柏金紹、肯・馬克（Julian Birkinshaw，Ken Mark）
譯者　　　薛芷穎
主編　　　劉偉嘉
特約編輯　黃少璋
校對　　　魏秋綢
排版　　　極翔企業有限公司
封面　　　萬勝安

社長　　　郭重興
發行人兼
出版總監　曾大福
出版　　　真文化／遠足文化事業股份有限公司
發行　　　遠足文化事業股份有限公司
　　　　　地址　231新北市新店區民權路108之2號9樓
　　　　　電話　02-2218-1417　傳真　02-22181009
　　　　　Email: service@bookrep.com.tw
　　　　　郵撥帳號　19504465　遠足文化事業股份有限公司
　　　　　客服專線　0800221029
法律顧問　華洋國際專利商標事務所　蘇文生 律師
印刷　　　成陽印刷股份有限公司
初版　　　2019年6月
定價　　　新台幣320元（平裝）

ISBN 978-986-97211-5-8
有著作權，侵害必究
歡迎團體訂購，另有優惠，請洽業務部 (02)22181-1417分機1124、1135

特別聲明：有關本書中的言論內容，不代表本公司 / 出版集團的立場及意見，
由作者自行承擔文責。

國家圖書館出版品預行編目(CIP)資料

倫敦商學院教授的25堂MBA課：全球MBA課程中最實
用的管理、決策、行銷、創業、財務模式 / 朱利安・柏
金紹（Julian Birkinshaw），肯・馬克（Ken Mark）著；薛
芷穎譯. -- 初版. -- 新北市：真文化，遠足文化，2019.06
　　面；　公分. --（認真職場；3）
譯自：25 need-to-know MBA models
ISBN 978-986-97211-5-8（平裝）
1.企業管理　2.商業管理

494　　　　　　　　　　　　　　　　　108006222